JN024444

# アッテンボロー
# 生命・地球・未来

## 私の目撃証言と持続可能な世界へのヴィジョン

# A Life on Our Planet

My Witness Statement and a Vision for the Future

David Attenborough with Jonnie Hughes

デイヴィッド・アッテンボロー / ジョニー・ヒューズ
黒輪篤嗣〔訳〕

東洋経済新報社

*A LIFE ON OUR PLANET: My Witness Statement and a Vision for the Future*
by David Attenborough with Jonnie Hughes

Copyright © David Attenborough Productions Ltd 2020
Japanese translation published by arrangement with David Attenborough Productions Ltd.
c/o United Agents through The English Agency (Japan) Ltd.

*With thanks to WWF for the scientific and conservation work informing this book*

アッテンボロー
生命・地球・未来

# 目　次

## 第2部 これから待ち受けていること

# 第3部　未来へのビジョン——世界を再野生化する方法

# 結論　人類の最大のチャンス

# 序章

# 人類の最大の過ち

# 打ち捨てられた街

ウクライナのプリピャチはわたしが訪れたことがあるほかのどことも似ていない。完全に絶望に閉ざされた場所だ。

外見は、いたって住み心地のよい街に見える。街路があり、ホテルがあり、広場があり、病院があり、移動遊園地の乗り物が置かれた公園があり、中央郵便局があり、鉄道の駅がある。複数の学校と水泳プールも、カフェとバーも、川に面したレストランも、商店も、スーパーマーケットも、美容院も、劇場と映画館も、ダンスホールも、体育館も、陸上競技とサッカーのスタジアムもある。人類が便利で快適な生活のために発明したあらゆるもの、言い換えれば、人類がみずから築いた生息環境のあらゆる要素がなんでも揃っている。

市の文化・商業の中心地区の周りには、共同住宅群が広がる。高層マンションが160棟あって、いずれも碁盤目状の整然とした道路沿いに、一定の向きで立っている。どの部屋にもバルコニーがある。どのマンションにもランドリーがある。いちばん高い部類のマンションはおよそ20階建てで、この街の生みの親のエンブレムである巨大な槌と鎌が掲げられている。

プリピャチはソ連によって、都市建設が盛んだった1970年代に築かれた都市だ。約5万人の住民の最適な住まいとして、共産圏でトップクラスの技術者や科学者とその若い家族たちにふさわしい現代の理想郷として、設計された。1980年代初頭に一般人が撮影した映像には、住民たちがにこやかな表情を浮かべ、談笑し、ベビーカーを押して大通りを歩き、バレー教室に通い、オリンピックサイズのプールで泳ぎ、川でボート遊びに興じる姿が収められている。

しかし、現在のプリピャチに人は住んでいない。壁がぼろぼろに剝がれ、窓が割れ、窓枠が折れ曲がっている。わたしは足もとに気をつけながら、薄暗い、がらんとした建物の中を見て回った。美容院の椅子はひっくり返り、その周りにほこりまみれのカーラーや、割れた鏡が落ちている。スーパーマーケットの天井からは、蛍光灯がぶらりと垂れ下がっている。学校の教室の床には、青いインクで丁寧にキリル文字が綴られたノートが散乱している。水がないプールも、いくつか見かけた。居間ではソファーのカバーが床に落ちたままになっている。ベッドは腐っている。ほとんどどこにも動きというものがない。何もかもが静止している。ときおり突風で何かが動くと、どきりとさせられる。

部屋や建物に足を踏み入れるたび、ますます人気《ひとけ》のなさが深まっていく。ここでは人間の不在が、最もありありと感じられる真実なのだ。わたしは人間の姿が消えたほかの都市——ポンペイ、アンコールワット、マチュピチュ——も訪れたことがあるが、ここでは場所のふつうさゆえに、その場所が打ち捨てられていることの異常さが目を引く。構造や設備が馴染みのあるものであるだけに、それが使われていないのが単に古くなったせいではないことがひと目でわかる。

プリピャチが絶望に閉ざされた場所なのは、もはや見る者がいない掲示板から、理科室に残された計算尺や、カフェの壊れたピアノまで、ここにあるもののすべてが、あらゆる必要なもの、あらゆる大事なものを失うことができる人間の能力を物語っているからにほかならない。地球上の生物で、世界を創造したり、破壊したりできるほどの力を持っているのは、わたしたち人類だけだ。

１９８６年4月26日、近くにあったウラジーミル・イリイチ・レーニン原子力発電所、一般には「チェルノブイリ（チョルノービリ）」の名で知られている原子力発電所の4号炉が爆発した。爆発は粗略な計画と人的ミスの結果だった。チェルノブイリの原子炉の設計には欠陥があった。運転員はその欠陥を認識していなかったうえ、作業の手順も守っていなかった。チェルノブイリの爆発事故は、過失のせいだった。まったくもって人間らしい理由だ。

この事故により、広島と長崎に投下された原子爆弾の４００倍以上の放射性物質が、強風に乗ってヨーロッパ全土に運ばれた。その放射性物質は雨や雪とともに空から落ちて、多くの国々の土壌や河川に降り注ぎ、やがて食物連鎖に入り込んだ。この放射能汚染が原因で死んだ人の数は、まだ議論されていて確定していないが、数十万人に達すると推定されている。しばしばチェルノブイリの原発事故が史上最悪の環境破壊といわれるゆえんだ。

## 持続不可能な世界

悲しいことに、それは正しくはない。もっと別のことが、地球上のいたるところで、前世紀の大半を通じて、毎日、ほとんど気づかれることなく、進行していた。それもやはり粗略な計画と人的ミスの結果だ。1回の不運な事故ではなく、配慮と理解の欠如によってもたらされたものであり、わたしたちの行いのすべてに影響している。それは1回の爆発によって始まったものではない。誰にも知られないまま、ひっそりと始まった。原因は多面的で、地球規模的で、複雑だ。その副産物は1台の計測器では検知できない。発生を確かめるのにすら、世界各地で何百という研究が行われなくてはならなかった。その影響は、めぐり合わせが悪かった数カ国で生じた土壌や河川の汚染よりも、はるかに深刻なものになるだろう。最終的には、人類の生存を支えているものがことごとく、不安定化し、崩壊する恐れもある。

これはまさにわたしたちの時代の悲劇と言える。その悲劇とは、すなわち、急速な生物多様性の喪失だ。生命がこの惑星で真に栄えるためには、とてつもない規模の生物多様性が欠かせない。何十億という数の互いに異なる個体が資源や機会を十分に生かし、何百万という種が互いに関わり合って生きることを通じて、互いを支え合うときに初めて、この惑星の生命の営みはうまく維持される。生物多様性が豊かであるほど、人類を含め、全生命にとって、地球は安全な場所になる。ところがわたしたち人類の今の暮らしは、地球から生物多様性を奪うものになってしまっている。

その責任は人類全員にあるが、わたしたち自身の誤りによるものではないことも、言っておかなくてはならない。わたしたちが生まれてきたこの人間の世界というものが、じつはもとから持続不可能なものだったということがわかったのは、つい数十年前のことなのだ。しかし、そのことを知った今のわたしたちは、選択を迫られている。満ち足りた生活を続け、家族を養い、これまで築き上げてきた近代社会のさらなる発展に力を尽くし、目前に迫っている災いから目を背けるか。それとも、変えるか。

これは簡単な選択ではない。そもそも慣れたことに固執し、慣れないことに不満や恐れを覚えるのが人間だ。毎朝、プリピャチの住民が窓のカーテンを開けるたび、最初に目にしたのは、のちに自分たちの生活を破壊することになる巨大な原子力発電所の姿だっただろう。住民の大多数はそこで働いていた。それ以外の住民も、原発で働く人たちを相手にした商売で、生計を立てていた。原発がそんなに近くにあることの危険性を理解していた人は多かったはずだ。しかし、たとえ選択の機会を与えられても、原子炉のスイッチを切るという選択をする人はひとりもいなかったのではないか。チェルノブイリのおかげで高価なものが買え、快適な生活を送っていたのだから。

今のわたしたちは、当時のプリピャチの住民と同じだ。自分たちの手でこしらえた災いにおびえながら、快適な生活を送っている。その災いは、快適な生活を支えている当のものによってもたらされようとしている。いっぽうで、今の生活をやめるべき明白な理由といい代替案が示されるまで、同じ生活を続けようとするのも、またごく自然なことだ。わたしがこの本を書いた理由もそこにある。

自然界は衰退している。その証拠はいたるところに見受けられる。これはわたしが生きてきた時代に起こったことだ。わたしは自分の目でそれを見てきた。今のままでは人類の破滅は避けられないだろう。

しかし、原子炉のスイッチを切る時間はまだ残されている。いい代替案もある。

この本では、わたしたちがこの人類の最大の過ちをどのように犯したか、さらに、今、行動を起こすことで、どのようにそれを正すことができるかを語りたい。

# 第 1 部

# 94歳の目撃証言

これを書いている現在、わたしは94歳になる。これまでの人生は最高にすばらしいものだった。今になって、そのすばらしさを心からかみしめている。幸運にも、わたしは地球上の未開の地を探検しては、そこに生息する生き物についての映画を撮るという人生を送ってきた。その中で、世界じゅうを広く旅して回った。生き物の世界を直に体験して、その多様性や神秘さに触れ、ときに驚くべき光景や感動的なドラマに遭遇した。

わたしは子どもの頃、いつか遠くのもっと野生の地へ行き、本物の自然を見てみたい、あわよくば科学者にも知られていない動物を発見したいなどと、大方の子どもたちと同じように夢見ていた。今、人生を振り返ってみれば、信じがたいことに、わたしはまさにそういうことをして人生の大半を過ごしてきたのだった。

# 1937年

世界の人口　23億人[1]
大気中の炭素　280ppm[2]
原生的な自然の残存率　66%[3]

## 大量絶滅を生き延びた種

11歳のとき、わたしはイングランド中部の都市レスターに住んでいた。当時は、それぐらいの年齢の子どもがひとりで自転車で野山へ出かけ、1日じゅう家に帰らないことがめずらしくなかった。わたしもそんな子どもだった。子どもはみんな探検をする。石をひっくり返して、その下にいる生き物を見るだけでも、探検だ。自分の周りの自然界で起こっていることを見て、魅了されるということ以外、わたしにはしたいことが思いつかなかった。

兄はわたしとは関心が違った。レスターにはプロ顔負けのアマチュアの劇団があり、わたしもときどき、兄に説き伏せられて、いっしょに舞台に上がり、数行のセリフがある端役を演じたが、興味は引かれなかった。

いっぽうで、気候が和らいでくるとたちまち、待ちきれなかったように自転車にまたがって、州東部の岩場へ出かけた。そこには美しいふしぎな化石がたくさんあった。それは恐竜の化石というわけではなかった。蜂蜜色の石灰岩は、古代の海底の泥として堆積したものだった。だから、陸上の怪獣たちの骨がそこから出てくるはずはなかった。わたしが見つけたのは、海の生き物の殻だった。アンモナイトの殻は、直径15センチほどの大きさで、雄羊の角のように渦巻き状をしていた。ヘーゼルナッツほどの大きさのものもあり、その内側には、えらを支えていた小さな方解石の骨格があった。見込みのありそうな大きな石を選んで、ハンマーで慎重に割るときほど、胸がわくわくすることはなかった。中から現れた見事な殻は、日光に照らされ、きらきら輝いていた。この殻が人間の目に触れるのはこれが初めてなのだと思うと、天にも昇る心地がした。

わたしは幼い頃から、自然界の成り立ちを理解するのに役立つ知識こそ、何より重要な知識だと信じていた。わたしが好奇心を掻き立てられたのは、人間によって考え出された法則ではなく、動植物の営みを支配している原理だった。王や女王の歴史とか、別の人間の社会で発達

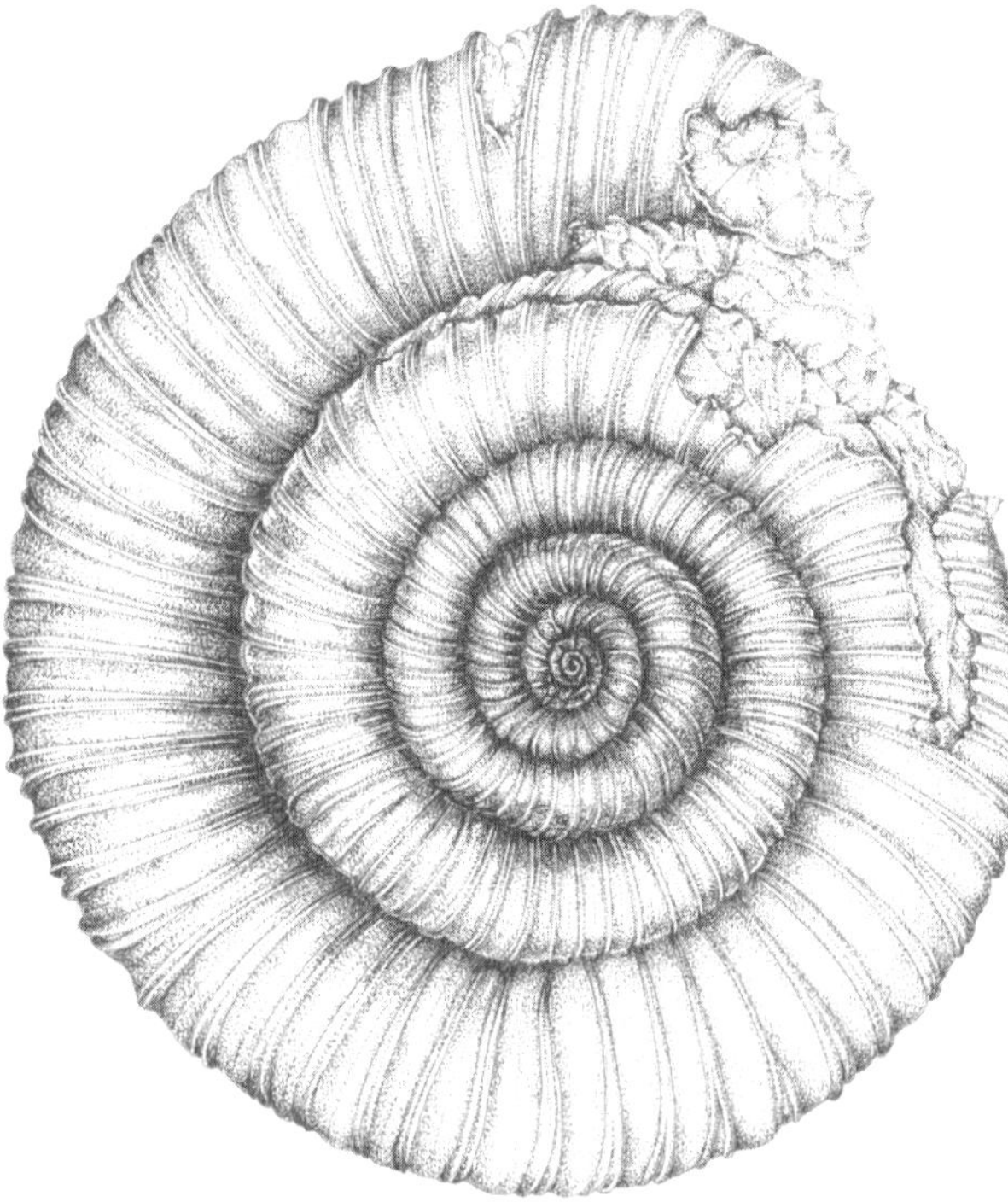

した別の言語とかではなく、人類の登場よりはるか以前からこの世界を支配してきた真実を知りたかった。なぜアンモナイトにはこれほど多くの種がいたのか。なぜこの種はほかの種と違うのか。なぜ別の場所に棲んでいたのか。すぐにわたしは、そんな疑問を持った人が自分以外にもたくさんいることを知り、多くの問いに答えを得た。さらに、それらの答えをつなぎ合わせることで、究極の物語を紡ぐことができた。生命の歴史だ。

地球上の生命の進化の物語は、その大部分が絶え間のないゆるやかな変化からなる。わたしが岩から見つけた化石の生き物たちはみんな、一生涯、環境という試練にさらされ続けた。その中でたまたま生存と繁殖に長けていたものの特徴が次の世代に受け継がれ、そうでなかったものの特徴は受け継がれなかった。数十億年という時間をかけて、生命の形態はゆっくり変化していき、より複雑で、より効率のよいものになり、多くの場合は、より特殊なものになった。その長い物語は、細部に至るまで、岩で見つかったものから推し量ることができる。

レスターの石灰岩にはわずかの期間のことしか記録されていなかった。それでも、市の博物館に展示されていた標本からは、もっとさまざまな時代のことがわかった。そこでわたしは決心した。もっと多くのことを知るため、大きくなったら、大学へ入れるようがんばろう、と。

大学では、また別の真実を学んだ。それは、このゆるやかな変化の長い物語には、ときおり荒っぽい中断が挟まっていたということだ。何億年かごとに、たいへんな生命の淘汰と進化のあとで、大量絶滅という大惨事が発生していた。

地球の歴史の異なる時代に異なる理由で、数多くの種が完璧に適応していた環境に、地球規模で急激な変化が起こっていた。生命を支える地球の仕組みに不具合が生じ、それを成り立たせていた奇跡的なまでに絶妙な相互作用の連携が崩壊した。膨大な数の種が突然、姿を消し、わずかな種だけが残った。それまでの進化はそこですべて無に帰した。このまさに記録的な絶滅は岩に境界線を生み出しており、それは見方さえ知っていれば、誰でも見分けることができる。境界線の下には、さまざまな種類の生き物が数多くいるが、上には、ほとんどいない。

そのような大量絶滅は生命の40億年の歴史の中で、５回起こっている。[4] そのつど、自然が壊滅し、生き残ったわずかな生き物によって、かろうじて進化の営みが一からやり直された。

前回の大量絶滅のときには、直径10キロ以上の隕石が地球にぶつかって、史上最大の水爆実験の爆発の２００万倍以上の衝撃がもたらされたと考えられている。[5] 一説では、隕石が石膏の層に落下したせいで、硫黄が発生し、地球全体に高濃度の酸性雨を降らせた結果、植物が死に、海面に漂っていたプランクトンの体が分解されたといわれる。舞い上がった塵でできた厚い雲が太陽の光を遮り、何年にもわたって植物の成長速度が遅くなった可能性もある。ぶつかったときに飛び散った火の塊がふたたび地表に落ちてきて、西半球全体を火の海にした可能性もある。その場合、その燃焼によって、すでに濁っていた大気中にさらに多くの二酸化炭素と煙が加わることになっただろう。その二酸化炭素と煙による温室効果で地球の気温も上昇しただろう。また、隕石が沿岸部に落ちたことにより、地球全体を呑み込むほどの巨大な津波が発生して、沿岸の生態系を破壊し、海の砂を海岸から遠く離れた内陸へ運んだ。

これは自然史の針路を変える出来事だった。全生物種の4分の3が消えた。家庭犬より大きい陸生動物はすべていなくなった。1億7500万年続いた恐竜の支配も終わった。生命は再建を余儀なくされた。

以来、6600万年にわたって、自然は生物界の立て直しに勤しみ、新たな種の多様性を育んできた。生命のこの再起動から生まれた種の1つがほかでもない人類だった。

## 文化が加速させた人類の変化

わたしたち自身の進化も、岩に記録されている。わたしたちの先祖の化石は、アンモナイトの化石に比べると、はるかに少ない。地球上に登場してから、たかだか200万年しか経っていないからだ。また、そもそも化石になりにくいという理由もある。陸生動物の死骸は、海の生き物の死骸と違って、ふつうは堆積物の下に埋もれることがない。地表に残されて、大地を焦がす太陽や、はげしい雨や、霜の破壊力によって砕かれてしまう。それでも、ないわけではない。見つかっている数少ないわたしたちの祖先の化石には、人類が最初アフリカで進化を遂げたことが示されている。その進化に伴って、わたしたちの脳も大きくなり始めた。その大きくなる速度からは、人類の最大の特徴を獲得しつつあったことが窺える。つまりほかの種には見られないほど高度な文化を築く能力だ。

進化生物学でいう「文化」とは、個体間で教示や模倣を通じて情報が伝わることを意味する。他人のアイデアや行動をまねることは、たやすいことのようにわたしたちには感じられる。しかしそれはわたしたちがそういうことに秀でているからだ。文化を持っていることがなんらかの証拠によって示唆されている種は、数えるほどしかいない。チンパンジーとバンドウイルカの2種ぐらいだ。ほかには、いくらかでも人間に近いといえるような文化を築く能力を持った種はいない。

文化は、わたしたちの進化の仕方を変えた。人類は文化という新しい手段によって、生きるための適応を図るようになった。ほかの種が何世代もかけて体を変えるという方法に頼っているのに対し、わたしたちはアイデアを1つ生み出すことで、1世代のあいだに大きな変化を実現できる。旱魃のときに水をもたらしてくれる植物を見つけるとか、獲物の皮をはぐ石器を作るとか、火をおこすとか、火で調理するとかいう技術は、ひとりの人間から別の人間へ1回の生涯の中で伝えることができる。これは新しい伝達の形だった。もはや親から子へ受け継がれる遺伝子に依存していなかった。

その結果、わたしたちの変化の速度は増した。わたしたちの先祖の脳は驚くべきスピードで大きくなり、人間がアイデアを学び、蓄え、広めることを可能にした。しかし、やがて、身体的な変化はほぼ止まった。今からおよそ20万年前には、解剖学的に現代人と同じ人間であるホモ・サピエンス、つまり、みなさんやわたしのような人間が出現していた。人間はその頃から身体的にはほとんど変わっていない。著しく変わったのは、わたしたちの文化だ。

種として登場した当初のわたしたちの文化の中心には、狩猟と採集の生活があった。わたしたちは狩猟と採集のどちらにおいても、類いまれな才能を持っていた。魚を捕まえる鉤針や、シカをさばくナイフなどの道具を生み出しもすれば、火で食べ物を調理したり、石で穀物をすりつぶしたりする技術も身につけた。しかしそのような優れた文化があっても、生きるのは容易ではなかった。環境がきびしかったうえ、さらに厄介なことに変わりやすかった。

当時の地球は、全般的に、今よりはるかに寒かった。海面もだいぶ低かった。淡水を見つけるのはむずかしく、気温は短期間で大きく変動した。当時の人間と今のわたしたちとでは、体や脳はほぼ同じだが、環境があまりに不安定なせいで、生き延びるのは至難の業だった。現生人類の遺伝子の研究データにそのことは示されている。7万年前、そのような気候の猛威にさらされたわたしたちは、絶滅寸前の状況に追い込まれた。個体数が激減し、生殖可能なおとなの数はわずか2万人にまで減ったと考えられている。[6] 人類の繁栄のためには、もう少し環境が安定する必要があった。その安定をもたらしてくれたのが、1万1700年前に起こった氷河期の後退だった。

## 安定した気候と農耕の始まり

地球の長い歴史の中で、今の完新世（地球の歴史の時代区分の1つで、現代が含まれる最新の区分）は、際立って気候が安定している時代だ。1万年にわたって、地球の平均気温の変動幅が1℃未満に収まっている。[7] これほど安定している理由については、はっきりとわかっていない。しかしそこには生き物の豊かさが関係している可能性が高い。

植物プランクトン（海の表層に漂う微小な植物）と、北半球を覆い尽くす広大な森は大量の炭素をみずからのうちに閉じ込めることで、大気中の温室効果ガスのバランスを保つのに貢献していた。草食動物の大きな群れは土壌を肥やすことで、草地の豊かさや生産を維持するとともに、草を食べることで草の成長を促進していた。沿岸に延びるマングローブ林の湿地やサンゴ礁は幼魚に栄養を与え、その幼魚がやがて成熟して、外洋へ出ていき、海の生態系を豊かにしていた。赤道付近のさまざまな層からなる熱帯雨林は、太陽のエネルギーを活用し、地球全体の気流に湿気と酸素を供給していた。南北の極地に広がる雪と氷の白い平原は、太陽光を反射して、宇宙へ送り返し、まるで巨大なエアコンのように地球全体を冷やしていた。

そのように完新世の豊かな生物多様性が地球の気温が極端に振れるのを防ぐいっぽう、生き物の世界は穏やかで安定した1年のリズムに順応していった。つまり季節だ。熱帯地方では、乾季と雨季が時計仕かけのようにきちんきちんと繰り返された。アジアとオセアニアでは、毎年同じ頃に風向きが変わって、モンスーンをもたらした。北の地域では、3月に気温が15℃以上に上昇し、春が訪れ、それからしばらく高い気温が続いたあと、10月にまた気温が下がって、秋がやって来た。

完新世はわたしたちのエデンの園だった。季節のリズムがきわめて正確に保たれたおかげで、人類は繁栄のチャンスを与えられ、そのチャンスを見事に生かした。環境が安定し始めると、それを待っていたかのようにすぐ、中東に暮らしていた人々の集団が狩猟や採集の生活を捨てて、まったく新しい生活を始めた。それが農耕の始まりだった。この変化は意図したものではなかった。けっして計画的に進められたものでもなかった。農耕への長い道のりは、行き当たりばったりで、紆余曲折に満ち、洞察より幸運に負うところが大きかった。

中東の土地には、必要な要素が全部揃っていた。中東は3つの大陸（アフリカ、アジア、ヨーロッパ）を結ぶ位置にあった。そのおかげで、何百万年にもわたって、3つの大陸の動植物が流れ込んできては、通過したり、定着したりしていた。丘の斜面や氾濫原には、今の小麦や、大麦や、ひよこ豆や、えんどう豆や、レンズ豆の先祖に当たる野生種がコロニーを形成した。それらの植物の種子には、人々が長い乾季を乗り越えられるだけの豊富な栄養があった。そのような食べられる植物は毎年、人々を引きつけずにおかなかったはずだ。もし当面必要な量より多くの種子を集められたら、きっと一部の哺乳類や鳥類と同じように、それを蓄えておき、食料が乏しい冬に食べようとしたに違いない。やがてある時点で、採集狩猟民たちは移動生活をやめて、定住した。簡単に手に入る食べ物がほかにないときには、貯蔵した種子を食べればいいとわかったからだ。

その辺りには、野生のウシや、ヤギや、ヒツジや、ブタがふつうに生息していた。当初、それらの動物は狩りによって捕らえられていたはずだが、完新世が始まってから数千年のうちに家畜化された。やはりここでも、野生動物が家畜化されるまでの道のりには、数多くの中間形態があり、意図せざる段階が含まれたことは間違いない。最初、狩猟民は雄だけを選んで殺し、妊娠した雌を守ることで、動物の個体数を増やそうとしていたようだ。そのことは太古の集落の跡から見つかった動物の骨の研究によって確かめられている。また、狩猟民は自分たちが食べる野生動物の数を維持するため、ほかの捕食動物を追い払ったり、1年のうちの一定期間、肉食を控えたりしたようだ。やがて、動物を捕まえるだけでなく、捕まえた動物を長期間生かしておくようになり、飼育が始まった。飼育ではおのずと、よりおとなしく、より丈夫な個体が家畜として選ばれるようになった。

さらにときが経つと、それらの新しい営みはどれもイノベーションによって飛躍的に効率が高められた。穀物の貯蔵庫が建てられ、家畜の群れが築かれ、灌漑の水路が掘られ、耕作が行われ、肥料が撒かれたのだ。農業の誕生だ。こうして農業が始まったのは、おそらく、人類のようにずば抜けた知性と発明の才にめぐまれた種と、完新世のように際立って安定した気候とが出会ったことの必然の結果だったのだろう。その証拠に、少なくとも世界の11の地域で別々に農業が始まり、各地でしだいにジャガイモや、トウモロコシや、米や、サトウキビなど、現代のわたしたちに馴染みのあるものをはじめ、さまざまな作物の培養株が開発され、ロバや、ニワトリや、ラマや、ミツバチなどの動物が家畜化された。

## 農業が変えた自然

農業は人類と自然の関係をがらりと変えた。わたしたちはきわめて小規模ながら、野生の世界の一部を手なずけ始め、わずかとはいえ環境をコントロールするようになった。例えば、作物を風から守るために壁を築いた。動物たちの日よけのため、木を植えて、木陰を作った。肥料を使って、牧草地の土を肥やした。日照りに見舞われても作物が実るよう、川や湖から水を引いてくる水路を作った。自分たちに有用な植物と競合する植物を除去したり、自分たちに恩恵をもたらす植物で丘の斜面を埋め尽くしたりした。

そのようにしてわたしたちが選んだ動物や植物にも変化が現れ始めた。草食動物はわたしたちに守られるようになると、もはや捕食者から身を守ったり、雌をめぐって争ったりする必要がなくなった。わたしたちは畑から雑草を取り除いて、作物がほかの植物と争うことなく成長し、必要な窒素や水分や日光を十分に得られるようにした。

その結果、穀物の粒も、果実も、地下茎も大きくなった。動物は人間に飼いならされて、警戒心や攻撃性を失い、従順になった。耳が垂れ下がり、尾がくるりと巻いた形状になり、成熟してからも、子どものときと同じ鳴き声を発し続けた。おそらくそれは、親の代理であるわたしたちに養われ、保護されることにより、多くの点でいつまでも幼さが保たれたせいだった。また、わたしたちはただ自然によって形作られるだけの種から、ほかの種を自分たちに都合のいいように作り替えられる種へと変わっていった。

農民の仕事は楽ではなかった。たびたび旱魃や飢饉にも苦しんだ。しかしやがて、当面必要な量以上の食糧を生産できるようになった。採集狩猟民の隣人たちと比べ、養える家族の数も多かった。それらの増えた息子や娘たちは、作物や家畜の世話をするだけでなく、一家の所有地の管理を手伝うことでも、家族の役に立った。農地は原野だったときよりも価値が上がり、農民たちは自分の土地であることを主張するため、恒久的な小屋をいくつも建てるようになった。

各家族が所有する土地ごとに、土壌の性質や、水の得やすさや、向いている方角は異なった。したがって作物や家畜の種類によっては、生育のしやすさに差があった。家族のための食べ物を確保したら、農民は余った作物を使って、ほかの者たちと取り引きができた。それらの農民たちのあいだでは、物々交換をする市《いち》が開かれるようになった。食べ物とほかの有用なものや技能との交換も始まった。農民は石器や、撚り糸や、油や、魚を欲しがった。それらを提供できるのは、大工や、石工や、道具職人たちだった。こうしてそのようなものを作る者たちが初めて、自分では作物を育てず、物々交換で食べ物を手に入れられるようになった。

物々交換が盛んになるにつれ、あちこちの肥沃な川の流域で、市が町へ、さらには都市へと発展した。どの流域でも定住が進むと、一部の農民は新たな開墾地を探すため、そこを出ていった。農民たちと物々交換をしていた近隣の狩猟採集民たちも、農民の社会が発展するにつれ、農民の社会に加わるようになり、農耕や牧畜は各地で急速に川上に広がっていった。

その頃には文明が誕生していた。文明の進歩は、世代を追うごとに、新しい技術の登場のたびに加速していった。水力や、蒸気動力や、電力の利用方法が発明され、改良が重ねられ、そしてついには、現代の目を見張るような技術の数々が生まれた。しかし、わたしたちが代々、社会をたえず複雑化させながら、発展や進歩を遂げてこられたのは、ひとえに自然界がつねに安定していて、必要な資源や環境を提供してくれていたからにほかならない。完新世の穏やかな気候と、それによって支えられた驚異的な生物多様性が、わたしたちにとってかつてなく重要なものと化したのだ。

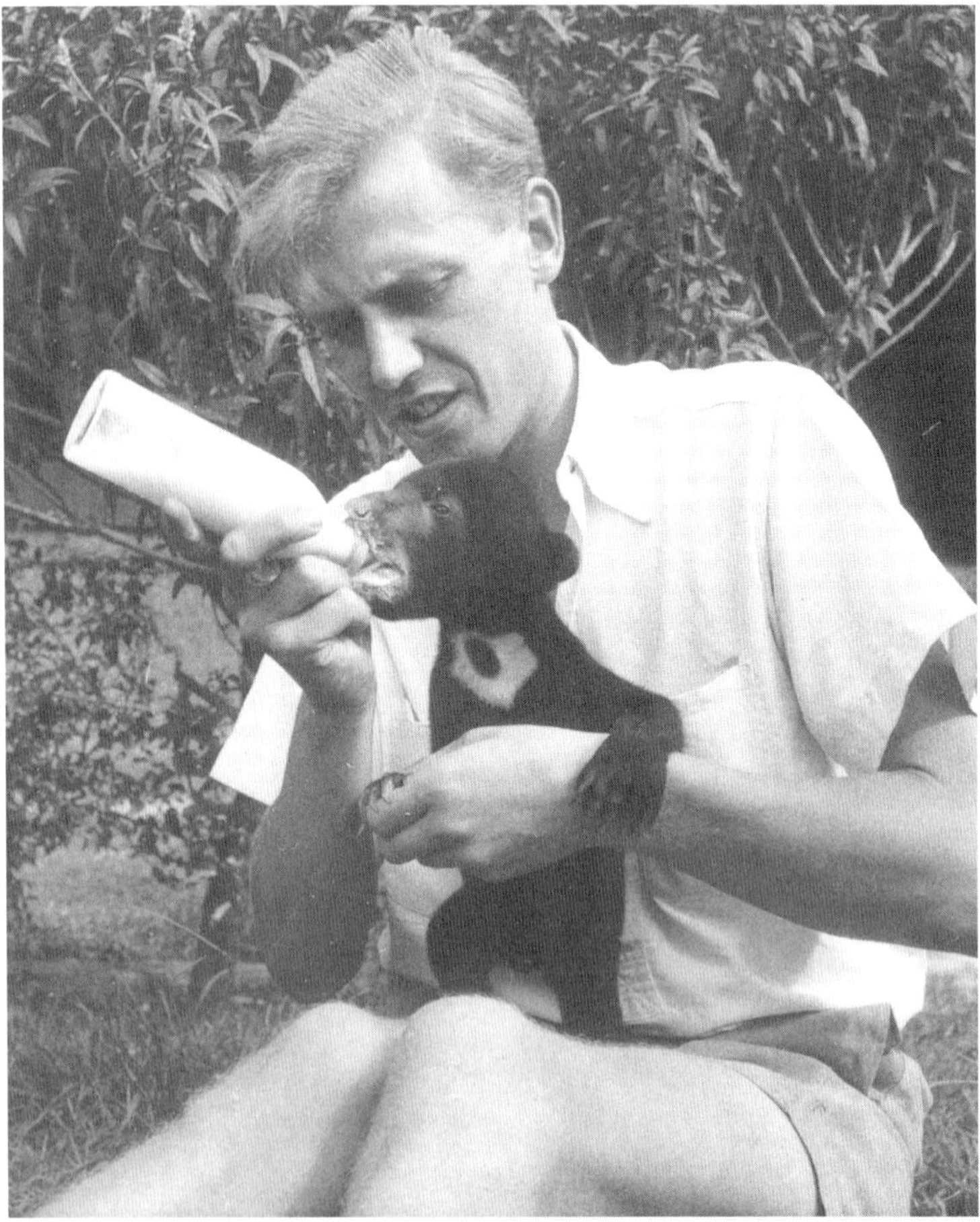

# 1954年

世界の人口　27億人
大気中の炭素　310ppm
原生自然の残存率　64%

## 世界じゅうの野生動物を追い求めて

大学で自然科学を学び、海軍での兵役を終えたあと、わたしは草創期のBBCテレビジョン・サービスに入社した。

BBCテレビジョン・サービスは1936年に発足した世界初のテレビ局だった。当時は、ロンドン北部のアレクサンドラ・パレス内にある小さな2つのスタジオを拠点にしていた。第二次世界大戦の勃発で一時閉鎖されたが、1946年、同じスタジオで同じカメラを使って、放送を再開した。番組はすべて生放送で、白黒だった。また、放送を受信できるエリアも、ロンドンとバーミンガムに限られていた。

わたしの仕事は、あらゆるジャンルのノンフィクション番組を制作することだったが、毎晩放送される番組の数や種類が増えるにつれ、しだいに自然史を専門に手がけるようになった。最初は、ロンドン動物園から借りてきた動物をスタジオで紹介した。動物たちはドアマットを敷いたテーブルの上に載せられ、ふつうは動物園の飼育員につき添われていた。しかしこれでは動物たちが珍奇なもの、異常なもののように映ってしまった。わたしは視聴者に本来の環境にいる動物たちを見せたくてならなかった。自然の中にいる動物を見せて、動物たちのさまざまな体の形や色には意味があることを知ってもらいたかった。

やがてわたしはその方法を思いついた。いっしょに計画を練ってくれたのは、ロンドン動物園の爬虫類の飼育責任者ジャック・レスターだった。ジャックは園長に、勝手知ったる西アフリカのシエラレオネに行く許可を願い出るとともに、それにはわたしと、ジャックの行動を撮影するカメラマンも同行することを説明した。現地でのジャックの野生動物の調査を追った映像を流したあと、ジャック本人がスタジオに登場して、自分が実際に捕まえた動物を見せ、その動物について博物学的な解説を加えるという番組だった。これは動物園にとってはすばらしい宣伝になりそうだったし、BBCにとっては新しいタイプの動物番組ができそうだった。番

組名は、《動物園の冒険（Zoo Quest）》と決まった。

こうして、１９５４年、わたしはジャックと、若きカメラマン、チャールズ・レイガスとともにアフリカへと旅立った。チャールズは以前ヒマラヤで仕事をした際、今回必要になる軽量の16ミリフィルムカメラを使った経験があった。

番組の初回は、１９５４年12月に放送された。悲しいことに、放送の翌日、ジャックが深刻な病気で入院した。のちにそのまま帰らぬ人となってしまったほど、容体は悪かった。翌週に予定されている第2回の放送に、ジャックはとうてい出演できそうになかった。代わりを務められる人物はひとりしかいなかった。それがわたしだった。わたしはそれまでコントロールルームから生放送のカメラに指示を出していたのだが、スタジオに引っ張り出され、ニシキヘビやら、サルやら、めずらしい鳥類やら、カメレオンやら、アフリカから持ち帰られた動物たちと格闘することになった。ここにわたしのカメラの前での人生が始まった。

《動物園の冒険》はたいへん好評を博し、わたしは番組の制作のため、ガイアナ、カリマンタン、ニューギニア、マダガスカル、パラグアイと、世界各地を旅して回るようになった。どこへ行っても、原生的な自然を目の当たりにした。逆巻く沿岸の海もあれば、広大な森も、果てしなく広がる原野もあった。毎年、カメラとともにそのような場所を探検しては、母国の視聴者に紹介するため自然界の神秘を撮影した。

わたしたちの取材を手伝い、ジャングルや砂漠を案内してくれた現地の人々は、わたしがな

かなか動物を見つけられないのをふしぎがっていた。彼らには動物がどこにいるのかが手に取るようにわかるようだった。原生的な自然の中で暮らしたり、働いたりするのに必要なそういう能力を、わたしがある程度まで身につけるのには、少々時間がかかった。

番組は大反響を呼んだ。英国の人々はそれまでテレビでセンザンコウを見たことがなかった。ナマケモノを目にするのも初めてだった。わたしたちはインドネシア南部の小さな島、コモド島に棲む世界最大のトカゲ、コモドオオトカゲを人々に見せ、ニューギニアの森で、世界で初めてフウチョウの求愛ダンスをカメラに収めた。

1950年代は、楽観的な気分に覆われた時代だった。ヨーロッパを荒廃させた第二次世界大戦の記憶が薄れ始め、世界じゅうで前に進もうとする気運が高まっていた。技術革新が相次ぎ、生活が便利になり、わたしたちは数々の新しい体験に魅了された。世の中の進歩はどこまでも無限に続くように思えた。前途には胸の躍る未来が待っており、わたしたちの夢はすべて実現しそうだった。自然界を探検するという仕事で世界じゅうを旅して回っているわたしは、それに異を唱えるべくもなかった。

問題があるなどとは、まだ誰も気づいていないときだった。

# 1960年

世界の人口　30億人
大気中の炭素　315ppm
原生自然の残存率　62%

## 「セレンゲティ」の生態系

誰もが心の中にくっきりとしたイメージを持っている原生的な自然が1つあるとすれば、それはゾウやサイやキリンやライオンがいるアフリカの大平原だろう。わたしが初めてその平原を訪れたのは、1960年だった。そこで出会った野生動物たちもすばらしかったが、何よりも、遮るもののまったくない景色のとてつもない広がりにわたしの目は釘づけになった。

「セレンゲティ」はマサイ族の言葉で「果てしない平原」を意味する。まさにその名のとおりの平原だ。ある日、セレンゲティのある場所にいて、動物の姿がまったく見えなくても、次の朝には、100万頭のヌー、25万頭のシマウマ、50万頭のガゼルがそこに現れる。2、3日後にはそれがまた1頭残らず、地平線の彼方に消えて見えなくなる。このような平原を「果てしない」と思うのも無理はないだろう。あれほどまで大きな群れを呑み込んでしまうのだから。

当時は、1つの種にすぎない人類がやがてこの大自然のように広大なものを脅かすほどの力を持つ日がやってくるなど、あり得ないことに思えた。しかし将来を見通し、まさにそういう懸念を抱いていた科学者がひとりいた。ベルンハルト・ジメックだ。フランクフルト動物園の園長を務めるジメックは、戦後、爆弾でできた穴や壊れた檻の残骸だらけだった動物園を復興させた。1950年代には、アフリカの野生動物を紹介する番組の司会者として、ドイツのテレビではおなじみの顔になった。

彼を最も有名にした《セレンゲティは死なない（Serengeti darf nicht sterben)》〔邦題は《猛獣境ゴロンゴロ》〕は、1960年にアカデミー賞のドキュメンタリー映画賞を受賞している。その映画には、ヌーの群れの移動の実態を突き止めようとする彼の調査の模様が収められていた。彼はパイロットの資格を持つ息子ミヒャエルとともに、小型飛行機でどこまでもヌーの群れを追った。ヌーの群れは川を渡り、林を抜け、国境を越えた。

その動きを地図に記録し続けるうち、しだいにセレンゲティ全体の生態系の仕組みがわかってきた。意外にも、草食動物が草を必要とするのと同じぐらい、草も草食動物を必要としていることが明らかになった。草を食む動物がいなければ、草が繁茂することはなかった。何百万頭という大食漢たちに食べられても平気なように、草は進化していた。動物の歯で地面に近い葉が噛み切られると、植物は地面のすぐ下の基部に蓄えておいた栄養を使って、ふたたび葉を成長させた。動物の群れの蹄で土が掘り返され、そこに種《たね》が落ちることで、草の次の世代は生まれた。群れが別の場所へ移動すると、草は動物たちが残していった糞の山から栄養を得て、急速に再成長できた。群れの移動のあとには破壊の爪痕のようなものが残されたが、じつはそれが草のライフサイクルの欠かせない一部をなしていた。草を食べる動物が少なすぎると、草は育たなくなる。動物の群れがいないおかげで生い茂った背の高い植物によって、日光を遮られてしまうからだ。

この生物の相互依存という話は、当時、生態学（エコロジー）と呼ばれる新しい分野からもたらされ始めていた発見と合致することだった。世界じゅうの生物を名づけ、分類するという仕事に19世紀の動物学者は心血を注いでいたが、それが別の探究によって取って代わられつつあった。動物学者の研究分野はどんどん専門化していた。ある者は肉眼では見えない動物の細胞の仕組みを研究した。その研究には高性能の顕微鏡やX線が用いられた。そのような探究が1953年、遺伝の核をなすＤＮＡ構造の発見として結実した。またほかの者は、生態学者と呼ばれ、野生動物の集団生活を調べるための統計手法や計測装置の開発に取り組んだ。

1950年代、それらの生態学者のあいだでは、無秩序に見える外部世界の理解が進み、すべての生物がいかに無限の多様性の網の中で相互につながっているか、いかにありとあらゆるものが互いに依存し合っているかが解き明かされていった。動植物どうしは緊密に、ときに深く関係し合っていた。ただし、密接な結びつきがあるからといって、必ずしもその生態系が頑丈であるわけではなかった。ある部分にわずかな打撃を受けるだけで、コミュニティー全体のバランスが崩れることがあった。

これはセレンゲティ全体の生態系にも当てはまるはずだと、ジメックは気づいた。飛行機による調査で、そのことはすぐに確かめられた。しかも、あの平原の広大さのおかげで、生態系の崩壊が防がれていることがわかった。とてつもなく広いスペースがなかったら、群れはあれだけの長い距離を移動して回れず、自分たちが食い尽くした草地に、次に来るまでに十分な回復の時間を与えられない。草を根まで食べてしまい、最終的にはみずから飢餓を招くだろう。捕食動物は短期的には、獲物が飢餓で弱れば、得をするかもしれない。しかしやがては獲物が尽きて、死ぬことになるだろう。広大なスペースがなければ、セレンゲティの生態系はバランスを保てず、崩壊を免れない。

タンザニアとケニアが近く独立を果たそうとしていて、平原を農地に変える必要に迫られそうだということを知り、危機感を抱いたジメックは、映画やその他の活動を通じて、草原の保護や自然のためのスペースの維持に尽力する人々を後押しした。アフリカの国々はみずからの意志で、長期的な視点に立った行動を起こした。タンザニアでは、セレンゲティへの定住が禁じられた。この規制は多大な物議を醸した。ケニアでは、セレンゲティの動物たちの移動の全経路を守るため、マラ川流域に新たに自然保護区が設けられた。

重要な主張がなされた。自然はとうてい無限なんかではない。自然には限界がある。自然は保護を必要としているのだ、と。数年後、それが事実だったことが誰の目にも明らかになった。

# 1968年

世界の人口　35億人
大気中の炭素　323ppm
原生的な自然の残存率　59%

## 宇宙から見た地球

《動物園の冒険》の遠征を通じ、わたしは世界の遠く離れた場所で、自分とはまったく異なる生活を送っている人々といっしょに過ごすことで、その人たち自身についてやその人生観について、多くのことを学び始めた。母国の視聴者に彼らの生活やものの見方を届けることには意義があると感じられた。こうして海外での撮影の重点が変わり始め、わたしはヨーロッパから遠い地域――東南アジアや、西太平洋の島々や、オーストラリア――の人々の生活や習慣を紹介する映像を撮り始めた。

　現地の人々との交流が深まるにつれ、わたしの心の中で、この人たちの考え方や生活の営み方について、もっと詳しく知るべきだという思いが芽生えた。ＢＢＣはわたしが常勤のプロデューサーを辞して、向こう数年間、１年の半年は番組作りに携わり、半年はそれと同じ時間だけ、ロンドン・スクール・オブ・エコノミクスで人類学を学ぶことを許可してくれた。すばらしく恵まれた待遇だったが、長くは続かなかった。

　１９６０年代、ＢＢＣがそれまで白黒だった英国のテレビにカラーテレビ放送をもたらすという任務を託された。その任務を手がけることになったのが、新たに設立されたＢＢＣ２というチャンネルだった。またＢＢＣ２の番組では、新しいスタイルやテーマが追求されることにもなった。具体的にどういうチャンネルにするかは決まっておらず、チャンネルの総責任者（コントローラー）の裁量に任されることになっていた。放送に携わりたいと思う者なら誰でもそのような仕事には抗いがたい魅力を覚えるだろう。ともかく、わたしはそのポストを打診されたとき、その魅力に抗えず、１９６５年、人類学の勉強を続けるのをあきらめて、ＢＢＣの一員に戻り、要職を担うことになった。

　そういうわけで、１９６８年のクリスマスの４日前、わたしはＢＢＣのテレビジョンセンターの国際コントロールルームの後ろに立って、アポロ８号から送られてくる画像を見つめていた。誰もが理解していたとおり、アポロ8号のミッションの中継は特別なものになるに違いなかった。初めて、宇宙飛行士が地球の軌道を離れて、月まで飛び、さらにその周りを回って、それまで人類の目に触れたことがない月の裏側の写真を撮ることが計画されていた。ケネディ大統領が60年代中に実現させると誓っていた月面着陸の予行演習の一環だった。

ミッションで重要だったのは月だが、宇宙飛行士たちが、そしてわたしたちが思わず目を奪われたのは、地球の姿だった。フランク・ボーマン、ジム・ラヴェル、ビル・アンダースは宇宙から地球全体を一望した人類で初めての人間になった。これは深い感銘を与えずにおかなかった。打ち上げから3時間半後、ラヴェルはNASAに感激を伝えた。[8]「すごい、中央の窓から地球全体の姿が見える」。3人は言葉を失った。「美しい」という言葉を繰り返すのが3人ともやっとだった。

アンダースは急いで、ミッション用のスチールカメラを取り出すと、これもまた人類で初めて、地球全体の写真を撮った。その写真には、南半球を上にした「逆さま」の地球の姿がほぼフレームいっぱいに収められ、12月の夏の太陽に照らされた南米大陸が写っていた。壮大な眺めだった。ただしその写真が現像されたのは、宇宙船から撮影されたほかの写真同様、宇宙飛行士たちが地球へ帰還してからのことだ。わたしたちが世界じゅうのテレビのスタジオで待っていたのは、電子映像だった。

宇宙船からのテレビ中継が始まる予定時刻が近づくにつれ、世界じゅうでチャンネルを合わせる人が増え、その数は単一のテレビ番組の視聴者の数として史上最高を記録した。最初にわたしたちの目に飛び込んできたのは、宇宙船内のようすを映し出した鮮明な映像だった。ボーマンが少し冗談を言ってから、状況を説明し、今、アンダースがビデオカメラを構えたまま、窓越しに地球にレンズを向けられる位置まで、宇宙船が回転するのを待っているところだと告げた。

ほどなく「みなさんにご覧に入れたい景色がついに見えてきました」と、ボーマンが地上の全員に向けて言った。

しかしそこで映像が消えてしまった。ヒューストンの管制センターが宇宙飛行士たちに、映像が途切れていることを伝えた。わたしたちはただ息をこらして待った。生放送中、何も起こらないまま、数分が経過したところで、望遠レンズに不具合が生じたことが報告された。次にアンダースがレンズを広角のものに切り替えたが、それでも映像は復旧しなかった。「レンズのカバーをつけっぱなしにしているということはないか」とヒューストンが問うと、「ない」と、ボーマンのぶっきらぼうな答えが返ってきた。「じつを言えば、それも確かめた」

そのとき突然、わたしたちのすべてのスクリーンに映像が現れた。画面には円盤状のものが映っていたが、広角レンズのせいでかなり小さくしか見えなかった。しかしそれよりも問題なのは、露光だった。地球が太陽の光を浴びて、明るく輝きすぎていたのだ。「まるで画面に映り込んだ光のようだ。これでは見えているものが何なのか、よくわからない」とヒューストンは伝えた。

「それが地球なんだ」と、ボーマンはいくらか謝るように言った。

画像を改善できなかった宇宙飛行士たちは、代わりに宇宙船内のようすを見せて回った。無重力状態でランチを食べる宇宙飛行士たちの姿も映し出された。ラヴェルは母親に誕生日のお祝いの言葉を贈った。そこで通信は終了した。「あしたはほかのレンズを取りつけてみる」とボーマンは言った。

次の中継までは丸1日待たされた。12月23日、世界の視聴者の数は推定10億人に膨らんでいた。これは圧倒的な差で史上最多だった。ボーマンは開口一番、誇らしげに告げた。「ヒューストンへ、こちらアポロ8号。テレビカメラを今、地球のほうへまっすぐ向けた」。とはいえ、ファインダーがなかったので、カメラがきちんと地球を捉えているかどうかは本人にはわからなかった。

「いいぞ、地球の端がはっきり見えてきた」とヒューストンが応じたが、そのとたん、画面から地球がさっと消えてしまった。少なくとも望遠レンズは機能していた。しかし、それから続いたのは、何分間かのじれったい「もう少し左、もう少し右」の繰り返しだった。宇宙飛行士たちは目隠しされたような状態で、どうにか地球にレンズを向けようとしたが、地球からは約30万キロもの距離があったうえ、宇宙船はゆるやかに揺れてもいた。

それでも、地球がテレビ画面の中をあっちこっちへ動き回っていたとしても、この瞬間、全人類の4分の1が自分たちを宇宙から見ていることに変わりはなかった。瞬きするのも惜しかった。あれが地球だった。宇宙船で今この映像を撮っている3人を除く全人類が、あの中にいた。

1968年のクリスマス、人類はテレビで見たこの1つの映像によって、過去には誰もこれほどありありと思い浮かべられなかったこと、おそらくはわたしたちの時代にとって最も重要な真実と言えることを学んだ。それはわたしたちの惑星が小さくて、孤立していて、脆弱であるということだ。わたしたちに与えられた場所はこの地球だけであり、知られている限り、宇宙にはこの地球以外、生命が存在する場所はない。地球の貴重さは、唯一無二だ。

アポロ8号から届いた映像によって、世界の人々の認識は一変した。アンダース自身が言ったとおり、「はるばる月まで探査にやって来て、最大の収穫は地球を発見したことだった」。わたしたちは誰もがいっせいに、わたしたちが暮らしている場所が無限には広くないこと、わたしたちの生活には限度があることに気づかされた。

# 1971年

世界の人口　37億人
大気中の炭素　326ppm
原生的な自然の残存率　58%

## ニューギニアの未開の地

1965年にBBCの管理責任者の仕事を引き受けたとき、わたしは2、3年に一度、数週間、その仕事を離れて、番組を作らせてほしいと願い出ていた。そうすれば番組制作に関わるテクノロジーの変化についていけるというのが、わたしの言い分だった。そして1971年、これはというテーマが見つかった。

20世紀初頭まで、ヨーロッパから遠く離れた未踏の地を探検しようとする者たちには、自分の足で歩くこと以外に移動手段がなかった。まったく右も左もわからない土地では、ポーターを雇って、食料やテントのほか、文明から遠く隔たった僻地で自給自足するのに必要なあらゆる器具を運んでもらっていた。しかし、20世紀には内燃機関のおかげで、そのような時代は終わった。探検家たちは今や、ランドローバーやジープや、軽飛行機や、ヘリコプターを使っていた。それでも一箇所だけ、いまだに徒歩のみで探検する者たちによって大発見がもたらされている場所があった。ニューギニア島だ。

オーストラリアの北に位置するこの全長２４００キロの島の内陸部は、熱帯林に覆われた険しい山脈だらけだ。１９７０年代ですら、外部の人間が足を踏み入れたことのない部分が残っていて、長いポーターの列を引き連れて歩いていく以外、探検の手段がなかった。そのような探検からは、必ずすばらしい映画が作れそうだった。

当時、ニューギニア島の東半分はオーストラリアの統治下に置かれていた。わたしはオーストラリアのテレビ局にいる友人たちに連絡を取った。彼らが調べてくれたところによると、以前、ある採掘業者が探鉱の目的で、それらの未知の区域に入る許可を申請したことがあった。しかし政府の方針は、そこに人が住んでいるかどうかが確認されるまで、そのような活動はいっさい認めないというものだった。

航空写真では小屋やなんらかの建造物はまだ見つかっていなかったが、広大な森の景色の中に、1つか2つ、小さな点が写っており、それが人工の空き地である可能性があった。どちらもヘリコプターが着陸できるほど広くはなく、それが何であるかを突き止めるには、徒歩の調査隊を派遣するしか方法がなかった。その調査隊に——わたしがほんとうに望むなら——わたしもカメラチームとともに同行できるという。わたしの思いはもとより決まっていた。

調べたい区域にいちばん近くにあるヨーロッパ人の入植地はアンブンティという村だった。そこには政府の小さな出張所があって、セピック川という大きな川が流れていた。セピック川は、島の北の海岸に沿っておおむね東向きに流れ、太平洋に注ぎ込んでいる大河だ。調査隊を率いる政府職員ローリー・ブラッグはアンブンティに勤務していた。彼がそこでポーターを雇い、わたしたちはフロート水上機をチャーターして、アンブンティでセピック川に着水し、彼に合流することになった。

このときほど疲労困憊した旅はあとにも先にもなかった。ローリーは100人ものポーターを集めてくれていたが、それでも必要な食料をすべて運ぶのには足りなかった。約3週間後、追加の物資を空から投下してもらわなくてはならなかった。しかも山脈を横断するように進まなくてはならなかった。毎朝、夜明けとともに出発し、鬱蒼とした密林の中を進んでは、ぬかるんだ急な斜面を尾根まで登り、そこから反対側の斜面を濡れた下草に足を滑らせながら下るということを、何度も何度も繰り返した。毎日、午後4時には進むのをやめて、野営の準備に取りかかり、決まって5時に降り始める豪雨でびしょ濡れにならないよう、防水布で天幕を張った。

そういう毎日が3週間と数日続いたとき、野営跡の脇の森の中で、ポーターのひとりが人間の足跡を見つけた。誰かが前夜、野営地のすぐそばから、こちらを監視していたようだった。わたしたちはその足跡をたどって進んだ。毎晩、テントを張ったあとには、贈り物――塩の塊と、ナイフと、ガラス玉を入れた小箱――を置いた。またポーターのひとりが木の切り株に座って夜番をしながら、数分おきに呼びかけ、自分たちが味方であり、贈り物を持って来ていることを伝えた。しかし相手がどんな人々であったとしても、相手にこちらの言葉がわかる見込みは薄かった。ニューギニア島では互いに通じない言語が1000以上ある。小集団ですら、固有の言語を持っていた。毎晩、わたしたちは呼びかけた。毎朝、贈り物は前夜と同じ場所に置かれていた。

さらに3週間、歩き続けると、物資が底を突き始めた。わたしたちは野営地に留まり、2日間、ポーターたちが苦労して大木を切り倒し、ヘリコプターから新たな物資を投下してもらうための空き地を設けた。物資の投下が狙いどおりにうまく行き、わたしたちはさっそく出発した。ポーターたちが背負う荷物はふたたび、安心できるずっしりとした重さに戻ったが、おかげでもう食べ物を切り詰めなくてよくなったので、文句は出なかった。ただわたしたちは気が気でなかった。すでに地図が作られている区域に近づきつつあったからだ。調査も、わたしたちの映画も、残念な結果に終わりそうな気配が漂ってきていた。

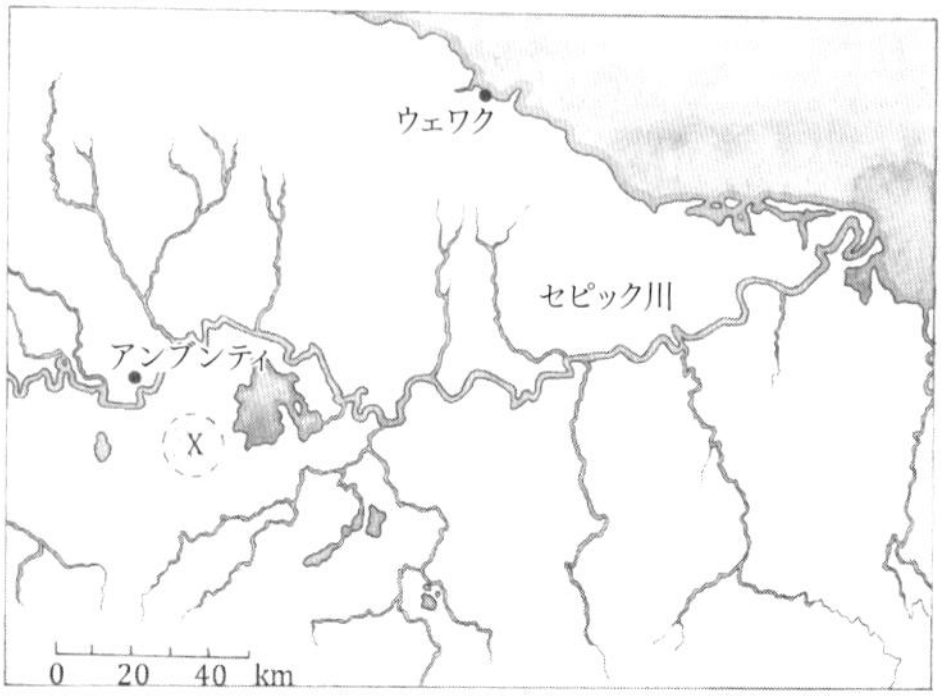
ウェワク
セピック川
アンブンティ
X
0 20 40 km

太平洋
ウェワク
ニューアイル
ランド島
インドネシア
セピック川
パプアニューギニア
ニューブリテン島
アラフラ海
ソロモン海
N
0 100 200 300 400 500 km
珊瑚海

そんなときだった。ある朝、防水布の天幕の下で目を覚ますと、外に小柄な男の集団が立っているのが見えた。わたしから数メートルの距離だ。身長はみんな150センチもないようだった。ほぼ裸で、樹皮の太いベルトを腰に巻き、その下に押し込んだ葉の束で体の前と後ろを隠している以外、服は着ていなかった。何人かは、鼻の横に開けた穴に、あとでコウモリの歯だとわかったものをつけていた。いつでもすぐに撮影を始められるよう、寝るときもそばにカメラを置いていたカメラマン、ヒューがすかさずカメラを回し始めた。男たちは目を見開いて、こちらを凝視していた。まるで今まで見たことのないものを見るかのように。わたしも同じことをしていたに違いない。わたしも彼らのような人間を見るのは生まれて初めてだった。

驚いたことに、彼らと意思の疎通を図るのはむずかしくなかった。わたしはジェスチャーで食べ物が足りないことを伝えようとした。彼らは口を指差して、頷くと、ひもで編んだ網袋を開けて、採ってきたばかりのタロイモらしきものを見せてくれた。わたしは自分たちが持ってきていた塩の塊を指差した。塩の塊はニューギニア島全土で通貨として使われているものだった。彼らは頷いた。これはもう立派な物々交換の取り引きになっていた。

それからローリーが近くを流れる川の名を尋ねた。この説明には少々手こずったが、最後には通じた。彼らは川の名を列挙し始めた。何本の川を知っているかと重ねて問うと、まず指を1本1本触り、次に前腕、肘、上腕の順に腕を軽く叩いていき、最後に首の横を叩いた。じつは、ローリーは川の名前や数に特に興味があるわけではなかった。知りたいのは、数を数えるときの身振り手振りだった。ほかの集団で使われている数を数えるときのしぐさを知っていたので、それを見れば、この小柄な男たちとほかの集団との交流について何かわかるかもしれないと考えたのだ。

10分ほどすると、男たちが腕を振って、目をぐるりと回してみせた。もう行かなくてはいけないという意味のようだった。わたしたちは腕を振り返して、翌朝、また食べ物を持って戻って来てほしいという気持ちを伝えた。この日はこれで彼らと別れた。

翌朝、わたしたちが期待して待っていると、彼らはまたタロイモを持って、やって来てくれた。わたしたちは彼らに住居を見せてもらえないか、できれば、女性や子どもたちとも会わせてもらえないかと尋ねた。ちょっと困惑したような表情を浮かべてから(もしかしたら、気乗りしなかったのかもしれない)、彼らは頷くと、わたしたちを先導するように森の中へ入っていった。わたしたちは数メートル後ろから、そのあとに続いた。ついていくのは容易ではなかった。草木が恐ろしく密に茂っていた。彼らを見失ったのは、巨木の幹を回ったときだった。巨木の向こう側に、もうその姿はなかった。影も形もなく消えていた。わたしたちは呼んでみた。しかし返事はなかった。罠にはめられたのだろうかとも思ったが、わからなかった。それから数分ほど呼び続けてから、わたしたちは引き返し、野営地へ戻った。

彼らは全人類のかつての暮らしぶりを思い起こさせた。人類はもともと小集団で暮らし、必要なものをすべて周りの自然界から得ていた。生活を支える資源は自然に再生するものばかりだった。廃棄物はほとんど出ないか、まったく出なかった。それはいつまでも環境との見事な調和を維持できる持続可能な生活だった。

数日後、わたしは20世紀に帰り、テレビジョンセンターでの仕事に戻った。

# 1978年

世界の人口　43億人
大気中の炭素　335ppm
原生的な自然の残存率　55%

## ゴリラの親子とのふれあい

BBC2はある野心的な番組フォーマットの草分けだった。壮大なテーマを50分ないし1時間で丁寧に掘り下げた計13本の番組シリーズがそうだ。最初の番組は、過去1000年のヨーロッパの絵画や彫刻や建築の名作の数々を紹介することで、BBCが新たに導入した高画質のカラーシステムを存分に生かそうとする意図から企画されたものだった。台本を書いたのは美術史家のケネス・クラーク卿で、制作には3年かかった。国内の視聴者数は250万人にのぼり、米国ではその倍の数の人が視聴した。番組は絶賛を浴びた。この大成功を受け、わたしはさっそく続編の制作を依頼した。続編では、西洋科学の歴史が掘り下げられる予定だった。さらにその次に、米国の建国200年を記念した番組の制作が計画されたほか、それ以降の企画も立てられた。

しかしこの番組フォーマットは、究極の物語というべき生命そのものの歴史を描くのにもふさわしいという確信がわたしにはあった。望みうる最も啓蒙的なシリーズになるに違いなかった。わたしはそれを自分で作ってみたかった。とはいえ、ほかの仕事を持っていてはできそうになかった。しかし管理責任者はもう8年務めており、十分ではないかと思った。そこでまたBBCを退社する決意を固め、わたしの後任者にそのアイデアを話すことにした。

やがてことはそのとおりに進んだ。新シリーズの提案は了承され、わたしはシリーズ名を《地球の生きものたち（Life on Earth）》とつけた。制作チームの結成にはいくらか時間がかかったが、台本はわたしが全13話分をほぼ一遍に書き上げた。

最低30カ国に行って、少なくとも600種以上の動物を撮影するため、カメラマンが集められ、撮影班が編成された。わたし自身も画面にときどき登場し、状況を説明したり、込み入った理論的な点に解説を加えたり、新しい話題を紹介したり、あるいはある大陸の画面から姿を消したあと、切り替わった次の画面に現れて、別の大陸に来たことを説明して、話をつないだ

りすることになっていた。わたしも撮影班とともに各地に足を運ばなくてはならなかった。番組制作のための移動距離は約240万キロに及んだ。わたしは2回、長期にわたって世界じゅうをめぐり続け、その間、6つの撮影班が数カ月ずつ交代で撮影を途切れなく続けた。シーンによっては撮影するのがはなはだむずかしく、海洋プランクトンや、クモや、ハチドリや、コーラルフィッシュや、コウモリといった特定の対象を撮影するのに必要な専門的な知識と技能を持ったカメラマンが、腕を振るう必要があった。生命の歴史を語るというのは、わたしがそれまでに手がけたどんなプロジェクトよりもスケールが大きかった。これから自分の人生の3年間をそのようなプロジェクトに注ぎ込むことになると思うと、胸が躍った。

サルや類人猿の進化を取り上げる回では、親指とほかの4指を向かい合わせにできる拇指対向性の発達にスポットライトを当てる予定だった。拇指対向性という解剖学的な特徴のおかげで、サルは枝を掴むことができ、人類は道具やペンを握ることができるようになった。人類が繁栄を遂げられたのも、高度な文明を築けたのも、この握るという能力があったからこそだ。

サルや類人猿の仲間ならどんな種を例に選んでも、説明には困らなかったが、その放送回の担当ディレクター、ジョン・スパークスが、ゴリラを撮影するのがいちばんインパクトがあるだろうと判断した。彼はダイアン・フォシーというすばらしい米国人の生態学者を見つけ出していた。ダイアンはアフリカ中央部のルワンダでマウンテンゴリラの群れといっしょに暮らし、ゴリラたちをすっかり人間に慣れさせていた。見知らぬ人間ですら、ダイアンがいっしょなら、ゴリラにかなり近づけた。

ジョンは彼女に連絡を取った。ダイアンが調査しているのは、絶滅の危機に瀕する動物だった。ルワンダでは人口の急増に伴って、ゴリラが生息する山林が地元の人々によって伐採され、次々と畑に変わっていた。マウンテンゴリラはもう300頭も残っていなかった。その姿がテレビに映し出されれば、その窮状に世界が関心を向けてくれるかもしれない。そう考えた彼女に協力してもらえることになり、1978年1月、わたしたちはルワンダへ向けて出発した。

わたしたちが着陸したのは、ルヘンゲリにある小さな飛行場だった。ダイアンの野営地に行くにはそこがいちばん近かった。そこから数時間歩いて、火山の山道を登っていくと、ダイアンが暮らす高地の森林に着いた。出迎えてくれたのは、ダイアンといっしょに仕事をしているイアン・レドマンドという若手の科学者だった。

イアンは悪い知らせを持っていた。ダイアンが生まれたときから世話し、特にかわいがっていた若い雄のゴリラが、無残な姿で死んでいるのが見つかったという。密猟者に撃ち殺されたらしかった。頭部と両手は切り取られ、それらを土産物として販売している業者に売られていた。ダイアンは深い悲しみの底にあった。彼女自身、重い肺の感染症にかかり、野営地を離れられない状態だった。それでもわたしたちのためにあたう限りのことをしてくれた。

ダイアンの野営地までの山道は長く、険しかった。ようやくたどり着いたとき、わたしたちが目にしたのは、小屋の中のベッドで、血が交じった咳をする彼女の姿だった。どう見ても具合はかなり悪そうだったが、わたしたちをゴリラのところに案内できるぐらいにはすぐによくなると気丈に言い張った。

翌日、彼女の病状がやはりまだ思わしくなかったことから、わたしたちはイアンの案内で森へ行くことになった。わたしはそのような森に入るのは初めてだった。人間の肩ほどの高さがある巨大なセロリやイラクサの茂みが広がり、頭上には矮化してねじ曲がった木々が、霧に包まれて立っていた。

いったんゴリラの足跡を見つけてしまえば、下草につけられたその跡をたどっていくのは、簡単だった。1時間ほどすると、前方からものがぶつかるような音が聞こえてきた。近くにいるようだった。わたしたちは慎重に進み、イアンがゴリラにこちらの存在を知らせるため、喉を大きく鳴らし始めた。相手を驚かせないように近づくのが肝心だった。驚かせてしまうと、雄のリーダーに襲いかかられる危険があった。

開けた場所に出たところで、イアンがみんなを止まらせた。そこにみんなで座って、ゴリラにこちらの姿を見せるためだ。わたしたちがイアンといっしょにいることがわかれば、ゴリラは怖がらないだろうという。

数分後、わたしたちはまた歩き始め、ほどなく、ゴリラの一家に出くわした。一家は手で草木をちぎって、食事をしている最中だった。わたしたちは腰を下ろして、そのようすに見入った。2、3分すると、ゴリラたちが立ち上がって、ゆっくりと去っていった。イアンによれば、わたしたちは受け入れてもらえたらしかった。次回は、撮影ができそうだった。

次の日、イアンにまた案内役を務めてもらい、わたしたちはほどほどの距離から、ゴリラが食べ物を探すようすを撮影した。ゴリラたちはわたしたちのことなどまったく気にしていないようだった。しばらくすると、ジョンがわたしに、カメラに向かって直接話をするよう提案してきた。ゴリラの近くに座る気分を語ったらどうかという。わたしたちは食べることに夢中の群れにそろそろと近づいていった。わたしは自分の背景にゴリラが映ると思える場所までさらに近づいてから、カメラのほうに向き直って、話し始めた。

「ゴリラと視線を交わすことには、わたしが知っているほかのどんな動物とそうするのよりも多くの意味と相互理解があります」とわたしは小声で言った。「視覚や、聴覚や、味覚が人間のものととてもよく似ているので、ゴリラはわたしたちとかなり同じように世界を見ています。社会集団のタイプもわたしたちと同じです。家族の関係はおおむね一生涯続きます。わたしたちよりはるかに力は強いですが、やはりわたしたちと同じように地上を歩き回ります。ですから、もし人間の世界がいやになり、ほかの動物たちのあいだで自分なりに暮らしていくなどということが可能だとしたら、それはゴリラたちとの生活になるでしょう。ゴリラの雄は怪力の持ち主ですが、その力は家族を守るときにしか使いませんし、ゴリラが仲間のゴリラに暴力を振るうことはめったにありません。ですから、人間が好戦的なものや、暴力的なものの象徴として、いつもゴリラを持ち出すのは、あまりに不当なことに思えます。そういう性格がまったく当てはまらないのが、ゴリラなのですから。むしろそれが当てはまるのは人間のほうです」

わたしはみんなにゴリラが伝説の荒々しい野獣ではないことを知ってほしかった。ゴリラはわたしたちの親戚であり、わたしたちはもっとゴリラのことを心配してやるべきだった。少年時代に岩場で見たあの絶滅の過程が、恐ろしいことに、今、自分の目の前で、自分がよく知っている動物の身に、人類に最も近い種に起ころうとしていた。しかも、それは人類のせいだった。

翌日、ゴリラたちを探しに出かけると、前日の場所からそう遠くない場所にいた。ゴリラたちは小川の向こう側の斜面に腰を落ち着けていた。マーティン・ソーンダースがカメラを準備し、録音技師ディッキー・バードが小型無線マイクをわたしのシャツに取りつけた。いよいよ拇指対向性の進化的な意義について語るときが来たなと、ジョンがわたしに言った。

わたしはそっと小川まで斜面を下りて、向こう岸へ渡ると、反対側の斜面をよじ登って、マーティンのカメラがわたしとゴリラの両方を捉えられそうな地点まで進んだ。ジョンがわたしに親指を立てて見せた。しかし何も話をしないうちに、頭に衝撃を感じた。振り返ると、わたしのすぐ後ろの茂みから大きな雌のゴリラが現れて、わたしの頭に手を置いているのだとわかった。彼女は濃い茶色の目でわたしをまっすぐ見つめていた。頭から手を放すと、次にわたし

の下唇を引き下げて、口の中を覗き込こもうとした。これは拇指対向性の進化的な意義について語っている場合ではないと、わたしは思った。そのとき、また別の何かが脚にぶつかった。見ると、ゴリラの子どもが2頭、わたしの脚にまたがって、ブーツの紐をいじっていた。

この触れ合いが何分と何秒ぐらい続いたのか、わたしには定かな記憶がない。数分は続いたはずだが、あまりのうれしさにうっとりしてしまい、時間の感覚を失っていた。やがて子ゴリラが靴紐に飽きて、離れていった。母親もそれを見ると、体を起こし、子どものあとをのそのそと追った。

わたしはゴリラたちを刺激しないように気をつけながら撮影班のもとに戻った。この上なく誇らしい気分でいっぱいだった。

翌朝、わたしたちは帰国の途に就くことになっていた。ダイアンは別れ際、彼女が深い愛情を注いでいるこのすばらしい動物を保護するための資金集めに尽力するようわたしに約束させた。わたしはロンドンへ戻った翌日、さっそくそれを実行した。

## クジラの歌

わたしたちが撮影してきたのは、世界最大の霊長類だった。ならば《地球の生きものたち》には、史上最大の動物の映像も含めるべきだと、わたしは考えた。クジラだ。

巨大なクジラは1000年にわたって、小舟に乗った勇敢な男たちによって捕獲されてきた。道具は手に持つ銛だけだった。初めのうちは、パワーバランスはクジラの側に傾いていた。クジラは人間よりはるかに大きいだけでなく、数秒で水に潜り、海の深くへ逃げることができた。ところが、20世紀に入ると、そのパワーバランスが反対の側に極端に傾いた。人間はクジラを追跡する技術や、先端に火薬が装填されていて、命中すると爆発する銛を発明した。1日で数頭の巨大な死体を解体できる、洋上や陸上の処理施設も建設された。捕鯨はこうして産業化した。わたしが生まれた頃には、すでに鯨油や鯨肉や鯨骨の市場が確立されており、毎年5万頭のクジラが殺されていた。

最初のクジラは陸上の生物の進化によって生まれた動物だった。陸生動物の体は、骨の機械的強度以上に大きくなれない。体重が一定以上になると、陸上では骨が折れてしまう。しかし水生動物の体は水で支えられているので、陸上の動物よりずっと大きくなれる。クジラの体もそのおかげで大きくなった。進化の過程で鼻孔は頭頂部に移動し、前肢と尾はパドルに変わり、後肢は消えた。何十万キロという距離を泳いで回るクジラは、何千万年にわたって、複雑な海の生態系の要をなしてきた。

海の生命が増えるかどうかの鍵は栄養の有無にある。状態がいい海域では、海の表層に動植物が生息しており、それらの死骸が「マリンスノー」として、絶え間なく海の下層へ降り注いでいる。栄養が乏しい海域では、海の表層にほとんど生き物がいない。陸上の植物が太陽と水のほかに、肥料を必要とするのと同じように、光合成を行うことで海の食物網の土台をなしている植物プランクトンも、海面を照らす日光に加え、窒素化合物を必要とする。その両方が揃わなければ、繁茂できない。

海洋の一部には、海底山脈の上を流れる海流のおかげで、マリンスノーがかき混ぜられ、上層へ運ばれている場所がある。そういう場所では、植物プランクトン（と、ひいては魚類）が栄えられる。しかしそれ以外の場所は、クジラがいなかったら、広大な青い砂漠と化してしまうだろう。

クジラは桁違いに体が大きいので、餌を食べるために水中に潜ったり、呼吸するために水面に浮上したりするたび、自分の周りに大きな水流を生み出す。この水流が海の表層の栄養を保つのに役立っている。さらにクジラが排泄すると、その周りの水は一気に栄養が豊富になる。これらは「ホエール・ポンプ」効果と呼ばれ、近年、海の豊かさを維持するのに欠かせない営みとして注目されている。

それどころか、一部の海域では、クジラによってもたらされる栄養のほうが、川から海に流れ込む栄養より重要だと考えられている。[9] 完新世の海の生産力を保つためには、クジラが必要だった。20世紀、人類はそのクジラを３００万頭近く殺した。[10]

クジラはそれほどの規模の捕獲に長い間耐えることはできない。殺されなければ、クジラの寿命はたいへん長い。マッコウクジラは70年生きられる。雌が性的に成熟するまでには９年かかる。妊娠期間は1年以上に及び、出産は3〜5年に1回きりだ。捕鯨技術がどんどん向上し、捕鯨業者は獲物を選べるときにはできるだけ大きい獲物を狙うようになった。そのほうが儲けが大きかったからだ。クジラには死亡数を埋め合わせられるほどのペースで子どもを産むことはできなかった。

わたしたちが《地球の生きものたち》の撮影計画を立て始めた時点では、過去にシロナガスクジラが外洋で撮影されたことは、わたしたちが知る限り、一度もなかった。わたしたちはそれに挑もうと考えた。しかし1970年代、シロナガスクジラの個体数は、商業捕鯨以前の推定25万頭からわずか数千頭にまで減っていた。しかも広大な外洋のあちこちに散らばって分布しているうえ、いまだに捕鯨業者に追われていたので、見つけるのは事実上、不可能だった。

そこでわたしたちはハワイ沖で、ザトウクジラを探すことにした。道具箱には、ザトウクジラを探すのに役立つ道具を1つ加えた。水中聴音器だ。

1960年代末、それまでコウモリの超音波を録音していた米国の生物学者ロジャー・ペインが、海の中で歌が聞こえるという米海軍の報告を受け、その調査に乗り出した。海軍はソ連の潜水艦を探すために設置した観測所で、スクリューに特有の音に加え、まるで音楽の旋律のように聞こえる未知の音を検知していた。ペインが調べた結果、その歌の主な発生源は、当時まだ数多く生息していた約5000頭のマッコウクジラであることが判明した。

ペインの録音からは、マッコウクジラの歌が長く、複雑なことと、何百キロも先まで水中を伝わって届く低周波であることがわかった。同じ海域のマッコウクジラどうしは、互いに歌を聴き合って、自分たちの歌を覚える。それらの歌にはそれぞれに特徴的な主旋律があり、雄は自分なりにその主旋律に変化を加えて、変奏する。歌は時間の経過によっても変わっていく。これはもうクジラには音楽文化があると言っていいだろう。

ペインが録音したクジラの歌は１９７０年代にレコードアルバムとして発表され、大人気を博し、クジラに対する人々の認識を一変させた。動物油の原料ぐらいにしか思われていなかった生き物が、今や個性を持っていた。哀切な歌の調べは、助けを求めて泣き叫んでいるのだと受け止められた。

１９７０年代の極度に張り詰めた政治的な雰囲気の中、突如、人々が同じ良心を強く呼び覚まされた。少数の熱心な活動家によって始められた反捕鯨運動は、たちまち主流の運動に発展した。歴史を振り返れば、人類が動物を絶滅に追い込んだことは過去に何度もあった。しかし今回は、勇敢な反捕鯨活動家によって撮影された手ブレのはげしいビデオ映像により、人類のそのような行為が白日のもとにさらされ、許しがたいことと見なされた。クジラの血で真っ赤に染まった海面や、処理施設での解体処理が広く知られるようになり、クジラを殺すことは収穫から犯罪へ変わった。

誰も動物の絶滅は望んでいなかった。人々は自然を大切にしようとし始め、自然界にもっと関心を向けるようになった。世界じゅうでその一助になったのが、テレビだった。

## ホモ・サピエンスの果てしない欲望

1979年、3年がかりで制作した《地球の生きものたち》の放送が始まった。このシリーズは世界じゅうの100もの地域の放送局に買われ、推定5億人に視聴された。シリーズの導入編となる第1回は「生物の限りない多様性」と題して、全編の基調を定めるべく、動植物の多様性を幅広く紹介した。実際、この多様性こそ、生命に不可欠なものだった。続く11回の放送では、そのような多様性が築かれるまでの紆余曲折の過程をたどり、最終回となる第13回では、1つの生物種に焦点を絞った。わたしたち人類だ。

わたしは人類が動物界のほかの生き物たちと切り離された存在であるかのようには描きたくなかった。人類は特別な位置を占めてはいない。あらかじめ決められた進化の道のりをたどってきたわけでもないし、進化の頂点に立っているわけでもない。生命の木に属する1種にすぎない。ただし、人類はほかのあらゆる種が負っている制約の多くから解き放たれている。そこで最終回では、わたしはローマのサン・ピエトロ広場に立ち、周りには世界じゅうから来たおぜいのホモ・サピエンスの群れがいる中で、大事なことを伝えようとした。

「みなさんは地球上で最も広範囲に分布し、最も優勢な動物種に属しています」とわたしはカメラに向かって言った。「人類は北極や南極の氷の上にも、赤道直下の熱帯雨林にも住んでいます。世界で最も高い山に登ったこともあれば、深い海底まで潜ったこともあります。地球すら出て、月に降り立ったこともあります。数の多さは、大型動物の中で随一です。現在、世界の人口はおよそ40億人を数えます。しかも驚異的な速さでそこまで達しました。すべては過去2000年ほどの出来事です。ほかの動物たちの行動や数に課されている制約から、わたしたちはすっかり自由になっているように見えます」

わたしは当時、50代だった。世界の人口は、わたしが生まれたときの2倍に増えていた。人類は地球上のほかの生き物たちとどんどん切り離されつつあった。もはや人類には天敵となる動物がほとんどいなかったし、大半の病気も制圧していた。必要に応じて食べ物を生産することもできれば、何不自由のない快適な暮らしも実現していた。地球の生命史上初めて、進化の淘汰圧からも解放された。わたしたちの体は20万年前から大きく変わっていないが、行動や社会は周囲の自然環境からしだいに隔たっていった。わたしたちを限界づけるものはもはや何ひとつなかった。わたしたちを止めるものはない。自分たちで自分たちを止めなければ、わたしたちは地球の資源を際限なく消費し続け、やがては使い果たすだろう。

ダイアン・フォシーの果敢な取り組み、反捕鯨運動の成功、ハワイガンを救ったピーター・スコットの活動、アラビアオリックスを野生に帰す再導入、インドにおけるトラの保護区の設立、これらはすべて、無視できない勢力になり始めた環境運動家たちによって成し遂げられたことだった。環境運動家たちは精力的に資金を集め、希少種の保護政策を強く求め続けた。しかしそれでも十分ではなかった。ホモ・サピエンスの欲望には切りがない。つねに「もっと」欲しくなるのが人間だ。したがって事態が次の段階に進むことは避けがたかった。ほどなくあらゆる生息環境が失われ始めた。

# 1989年

世界の人口　51億人
大気中の炭素　353ppm
原生的な自然の残存率　49％

## 失われつつある熱帯雨林

1956年7月24日、わたしは初めてオランウータンを見た。《動物園の冒険》の3度めの旅でのことだ。それはわたしにとって忘れられない野生の大型類人猿との初めての出会いだった。赤い毛に覆われた大きな雄が木の枝にぶら下がって、こちらを見下ろしていた。わたしに興味を引かれたようだったが、その態度は明らかにわたしをいくらか蔑むふうでもあった。そのオランウータンを撮影した映像はとうてい完璧とは言えなかった。体の半分が隠れているうえ、逆光で姿が暗くなってしまっていた。それでもわたしが知る限り、野生のオランウータンがテレビで映し出されたのはそれが世界で初めてだった。

わたしたちはカリマンタン島東部のマハカム川上流にある現地の人々の共同住居（ロングハウス）に滞在していた。わたしたちのためにそのオランウータンを見つけてくれたのも、そのロングハウスに住む猟師たちだった。わたしたちがオランウータンの撮影を終え、歩き始めると、猟師のひとりが銃でオランウータンを狙い撃った。わたしは激昂し、振り向いて、どうしてそんなことをするのかと、詰問した。家族を養うために育てている作物が、あのような類人猿に食い荒らされてしまうのだと、猟師は言った。わたしには彼を咎めることはできなかった。

熱帯雨林は地球上で最も生物多様性に富んだ場所であり、きわめて貴重な生息環境だ。熱帯雨林を育む湿った熱帯地方には、あらゆる植物の成長に必要な2つの資源、つまり水（淡水）と日光がふんだんにある。赤道付近では、太陽が毎日12時間照り、季節がほとんどないほど、1年を通じて日照時間が安定している。森に降り注ぐ雨の量は最大で年間4メートルにも達する。気流によって熱帯じゅうの水分が集められ、運ばれてくるからだ。また森の中でも水が循環している。毎朝、無数の木々の葉から排出される水蒸気は、苛烈な太陽の日差しで温められ、霧となって立ちのぼるが、最後にはまた雨となって空から落ちてくる。

植物にとって最高の条件が揃っているそれらの場所では、地球上のどこでも起こっている植物どうしの生きる場所を確保する争いも、ほかでは見られないほど盛大に繰り広げられている。林立する巨木の高さは40メートルにも達する。それらの木々が日光を浴びようと四方八方に太い枝を伸ばしている。巨木群は陸地ではめずらしい正真正銘の3次元の生息環境も生み出している。林冠の下の枝々が、飛べない動物たちにとっては、森のどこへでも行けるハイウェイの役割を果たす。そのはるか下の暗い地面では、太い根や細い根が絡まり合って、大きな幹を支えている。

ほかにもさまざまな植物が繁茂しており、その生き方は千差万別だ。地面から木の幹を這い登って伸びることで、太陽の光を浴びられる場所に出ようとする植物もあれば、鳥などに種子を運んでもらって、太い枝に根を張る植物もある。あるいは地表に近い暗がりに生き、枯れ葉の絨毯から得られる栄養でゆっくり成長するという戦略を採用している植物もある。

さらにこの植物群の中にはいたるところに動物がいる。圧倒的に数が多いのは、大きな動物よりも小動物だ。無脊椎動物や、小型の哺乳類や、鳥類が数限りなくいる。種子を食べる動物もいれば、樹皮を齧る動物も、樹液を吸う動物も、花の蜜を舐める動物も、果実をついばむ動物も、葉を噛み切る動物もいる。それらの動物たちの相互依存にもとづいた生活は、その謎を解明しようとする動物学者たちを魅了してやまない。

カリバチは一生の大半を小さなイチジクの花嚢の中で過ごし、アザミウマは花の中で体を丸め、オタマジャクシは壺形の花の中の水たまりで泳ぎ回り、トカゲは木の幹に止まって、樹皮に完璧に擬態する。猛烈な進化の革新と実験が繰り返されてきたのが、熱帯雨林だ。

熱帯には季節がない。生物多様性を育む森に時間的な制約がないことをそれは意味する。植物の成長が気候のカレンダーと結びついていないので、一年じゅう、花が咲き、実がなり、種子ができる。ほとんどつねに実をつけている植物もあれば、何カ月、あるいは何年も実をつけず、成長を続け、あるとき突然、花が咲いて、実がなる植物もある。

したがって、花粉を運んだり、果実を食べたり、種子を集めたりする動物の行動は、北半球や南半球の森とは違って、季節的なものではない。食べ物は年間を通じて手に入り、それをさまざまな動物たちが餌にしている。何百万種もいる動物の大半は、個体群の規模が小さく、分布範囲も狭い。しかもその多くは高度の特殊化を遂げている。昆虫の中には、特定の1種類の木に暮らし、1種類の植物だけを食べて生きているものもいる。その結果が、人知の及ばないほど複雑な動植物の相互依存関係だ。あらゆる種が全体の中で重要な一部を担っている。

わたしが忘れられない出会いを経験したあのオランウータンを例に取ろう。オランウータンはカリマンタン島やスマトラ島の森に広く散らばっているが、林冠を形成するさまざまな木の種子の散布に大きく貢献している。オランウータンの母親は10年間、1頭の子どもといっしょに暮らしながら、何十種類もの果実について、いつ、どのように採ればいいかを教える。体が大きく、しかもほぼ完全な草食なので、毎日、かなりの量を食べなくてはならず、たえず作物や熟した果実を探して、森の中を移動して回らなくてはならない。

食べたその場で種子を吐き出すこともあれば、何日も胃に入れて持ち歩き、何キロも離れた場所で、肥料になる糞とともに排泄することもある。どちらの場合も、それによって種子は発芽しやすくなる。中にはオランウータンにそのようにまいてもらわなければ、発芽できない種子もある。

熱帯雨林には驚くほどバラエティーに富んだ木が生えており、それが比類のない生物多様性を支えている。熱帯雨林からそういう特徴を奪おうとしているのが、人間だ。わたしは長年、さまざまな番組のため、東南アジアの森を何度も訪れてきた。１９６０年代以降、最初はマレーシアで、次にインドネシアで、熱帯雨林の多種多様な木々がアブラヤシという1種類の木によって取って代わられ始めた。

１９８９年、《生命の試練（The Trials of Life）》というシリーズでマレーシアを訪れたときには、２００万ヘクタールのアブラヤシのプランテーションができていた。テングザルを探しながら、川に沿って移動したのを今もよく覚えている。周囲は以前来たときと変わらない緑のカーテンに包まれていたし、1分おきぐらいに、茂みから鳥が音を立てて飛び出してきた。問題はないようだと、わたしは胸をなでおろした。

しかし、帰りにその一帯の上空を飛行機で飛んだとき、ほんとうの森の姿を目にすることになった。森は川をふちどる幅８００メートルほどの細長い帯《おび》と化していた。あまりに狭く、外

界にさらされすぎていて、森林の劣化が日に日に進んでいることは容易に想像できた。森の向こう側には、上空からでも見渡す限り、1種類の木しか生えていなかった。それは整然と並んだアブラヤシだった。

これほど豊かなすばらしい森が消えてしまうのは、とうてい受け入れがたい。東南アジアの人々は単に、欧米のわたしたちが過去にしたのと同じことをしているにすぎなかった。衛星写真を見ると、どちらの大陸でも、深緑の森が広大な耕地によって切り離されて、小さな島のように点在しているのがわかる。

じつのところ、森林伐採には人間にとって昔から二重の利点があった。まず木を切れば、木材が得られ、さらにその切り開かれた土地は農地にできたからだ。ホモ・サピエンスがせっせと森林を破壊してきたのも無理はないだろう。現在の世界の樹木数は、有史以前に比べ、3兆本少ないと推計されている。[11]今、世界で起こっていることは、1000年前から続いてきた世界的な森林伐採の新たな一章にすぎない。

その新章で中心に据えられているのが、熱帯雨林だ。20世紀の後半（それはわたしの人生の後半にも重なる）のあらゆることと同様、森林伐採の規模と速さも、年々増してきた。すでに世界の熱帯雨林の半分が失われた。

森がなければ生きていけないカリマンタン島のオランウータンの数は、わたしが初めて出会ってからたった60年のあいだに、3分の1に減ってしまった。[12]オランウータンを見つけたり、撮影したりするのは今も簡単だが、それはどこにでもいるからではなく、多くが保護区やリハビリテーション・センターにいて、個体数の減少のペースのあまりの速さに危機感を抱いた環境活動家たちによって守られているからだ。

熱帯雨林の伐採を永遠に続けることはできない。永遠に続けられないということは、要するに、持続可能ではないということだ。持続可能ではないことを続ければ、ダメージが積み重なって、やがてはシステム全体の崩壊を招く。いかなる生息環境も、それがどれだけ大きいものであっても、その危険を免れていない。

# 1997年

世界の人口　59億人
大気中の炭素　360ppm
原生的な自然の残存率　46%

## ベイト・ボールの撮影

世界で最大の生息環境は、なんといっても海だ。地球の表面積に占める海の割合は70%だが、深さがあるので、地球上の生息可能な領域に占める割合は97%に達する。最初の生命が海の中で誕生したことはほぼ間違いない。おそらく、最初の生命は水深数キロの海底にあった熱水噴出孔の周りに生息する単細胞の微生物だった。それから30億年にわたって自然選択が働き、初めはごく単純な作りをしていたその細胞の内部の仕組みがしだいに発達していった。細胞がわたしたちの体の細胞と同程度に複雑な構造を持つに至るまでには、15億年かかった。さらに15億年かかって、多細胞生物の細胞のように、細胞どうしが集まって連携するようになった。[13]

初期の海洋微生物は代謝を行い、その副産物としてメタンを放出していた。メタンは海面をぶくぶくと泡立たせ、徐々に地球の大気を変えていった。当時の地球の気温は今よりだいぶ低かった。メタンには二酸化炭素の25倍の温室効果がある。大気中のメタンが増えたことで地球は温暖化し始め、それにより生命の増殖が促進された。

やがて、シアノバクテリア（藍藻）と呼ばれる微生物が光合成を始め、太陽光のエネルギーを使って自分の組織を作るようになった。この光合成の過程で排出される気体、つまり酸素が革命をもたらした。酸素は食べ物からエネルギーをきわめて効率よく取り出すための「燃料」として、生物によって広く使われるようになり、あらゆる複雑な生命の誕生に道を開いた。シアノバクテリアは今も、海の上層に浮かぶ植物プランクトンの大部分を占めている。みなさんもわたしも、陸上のどんな動物も、もとをたどれば、先祖はみんな海の生物だ。わたしたちはすべてを海に負っている。

１９９０年代末、ＢＢＣの自然史班の映像作家たちから、海の生物だけで丸々１シリーズを作ってはどうかという案が出された。シリーズ名は《ブルー・プラネット（The Blue Planet）》。

海は最も撮影が困難で、なおかつ最も撮影に費用がかかる場所だ。また最もと言っていいほど、動物の行動を映像に収めるのがむずかしい場所でもある。悪天候や、水中の視界の悪さのほか、そもそも3次元の途方もない広さの中で動物を見つけることのむずかしさによって、撮影がしばしば滞ってもおかしくない。

しかし、海は新しい驚くべき視点から自然界を眺める大きなチャンスでもあった。初めてテレビで海の生き物を紹介したのは、紅海で妻ロッテとともに撮影に臨んだウィーンの生物学者ハンス・ハースだ。さらに元海軍大佐で海洋学者のジャック・クストーがそれに続いた。クストーが考案したデマンド・バルブは、今も潜水時の呼吸に欠かせない装置として使われている。クストーは毎年毎年、世界じゅうの海で根気強く撮影を続けた。しかしこれらの先駆者たちの業績によっても、陸の生き物の比ではない海の生き物のすさまじい多様さは、ほとんど明らかにされていなかった。

《ブルー・プラネット》の制作には5年近い歳月を要し、撮影地の数は約200箇所に及んだ。水中撮影を専門とする水中カメラマンが、サンゴ礁で求愛行動をするコウイカや、水中のケルプの森を泳ぎ回るラッコや、空の貝殻をめぐって争うヤドカリや、繁殖のため、太平洋の海山付近に何百頭も集まってくるシュモクザメや、そしておそらくは最も撮影がむずかしく、最も目を引くであろう、外洋で狩りをするバショウカジキとクロマグロの姿を撮影した。深海探査艇を使って、深海底の平原で新種を探したり、コククジラの死骸がヌタウナギによって食

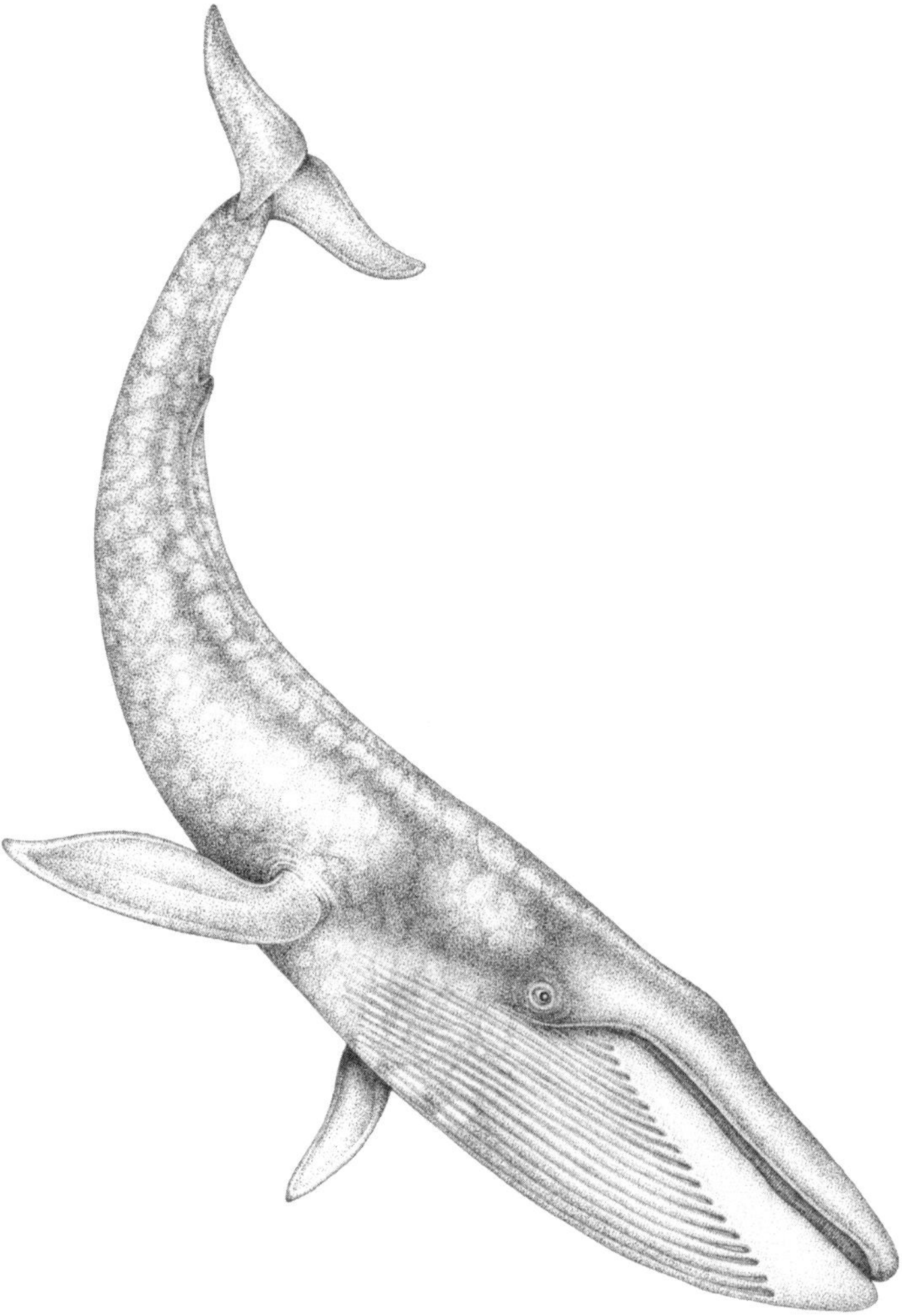

いちぎられるようすを撮影したりもした。わたしはナレーター役を務めた。

ある撮影班は超軽量の飛行機を使って、3年がかりで、外洋を泳ぐシロナガスクジラを撮影した。シリーズの放送はその映像で幕を開けた。これによってついに、それまでほとんど誰も生きている姿を目にしたことがなく、謎に包まれていた地球史上最大の生物の姿がテレビ画面に映し出された。

しかし《ブルー・プラネット》の最大の見どころとなったのはおそらく、ベイト・ボールのシーンだった。そこで繰り広げられる自然界のドラマは、セレンゲティで見られるいかなる場面にも負けないぐらい壮観だ。マグロが小さな魚の周りを勢いよく行ったり来たりして、水面へと追い込み、さらに囲い込むように泳ぐことで、それらの魚を球状に密集させる。魚が密集すると、その中に矢のように勢いよく、あらゆる角度から突っ込んでいく。サメやイルカの一団もたちまち集まってきて、乱闘に加わる。イルカは周りに泡のカーテンを築くことで、ベイト・ボールをさらに密にしてから、下から攻撃を仕かける。やがて、一連の騒ぎが収まりかけたかと思うと、カツオドリが到着し、空からダイブを始めて、水を切り裂くように泳いでは嘴いっぱいに魚を捕まえる。最後には、クジラが現れて、残った餌を巨大なバケツのような口でごっそりいただいていくこともある。

このようなベイト・ボールの騒動は毎日、海のあちこちで何千回も起こっているはずだが、水中から観察されたことは過去に一度もなかった。自然界のどんな出来事よりも予測するのが困難だったからだ。したがって撮影するのは並大抵のことではなかった。わたしたちの撮影班がしたのは、言ってみれば、マグロやイルカやサメやカツオドリがしているのとちょうど同じことだった。一時的な「ホットスポット」の発生、つまりプランクトンが、深海から上昇流に乗って上がってくる栄養物の急増によって突然、大量発生するのを待つということだ。

プランクトンが大量発生した海域には、何百キロも離れたところから小魚の群れが集まってくる。ひとたび被食魚の集団が密になると、捕食魚が攻撃を開始し、海は一瞬にして大騒ぎになる。撮影班はその場面を捉えようと、たえず水平線に目を凝らして、空からダイブしている鳥がいないか、一目散に泳いでいるイルカの群れがないか、注意し続けた。

1日じゅうそのような兆候を見つけられなかった日が400日あった。海が活気づくのに出くわした数少ない日には、移動する現場の横にぴったりくっついていき、ベイト・ボールが消えてなくなる前にその下まで潜らなくてはならなかった。大きな危険を伴う撮影だった。しかし成功したときには、この上ないドラマを映像に収められた。

## 乱獲される魚

大型の商業漁船が初めて国際水域まで出ていくようになったのは、1950年代のことだった。法的には、国際水域は誰の所有地でもなかったから、そこでは好きなだけ漁ができた。初めのうちは、それまでおおむね手つかずだった海域で漁が行われ、わんさと魚が取れた。ところが数年もすると、どの海域でも、ほとんど空っぽの網ばかりが引き上げられるようになった。そこで漁船は場所を変えた。ここで取れなければ、ほかへ行けばいいではないか、そもそも海は無限と言っていいほど広いのだから、と。

年ごとの漁獲量の推移を見ると、各海域の水産資源が次々と枯渇していったさまがひと目でわかる。1970年代半ばには、ほんとうに豊かな漁場と呼べるのは、オーストラリア東部沖、アフリカ南部沖、北米東部沖、それに南極海だけになっていた。[14] 80年代に入ると、遠洋漁業の漁獲量が著しく減り、大漁船団を抱える国はそれらの船団を補助金で支えなくてはいけなくなった。これは乱獲を推進するために、漁業者にお金を払うようなものだった。[15] 20世紀末の時点で、人類は世界の海から大型魚の90%を取り尽くしてしまっていた。

大きな魚を狙った漁は、深刻な弊害を招く。食物連鎖の頂点にある魚が減るだけでなく、各個体群の中でいちばん大きい部類の個体(例えば、大きいタラとか、大きいフエダイとか)が減るからだ。魚の個体群では、体の大きさが重要な意味を持つ。外洋の魚はたいてい、一生成長し続ける。雌魚の生殖能力と体の大きさとが比例しており、体が大きい雌ほど、多くの卵を産める。したがって、ある一定以上の大きさの魚がすべて漁で取られてしまうと、繁殖に最も貢献できる個体がいなくなって、個体数は激減する。乱獲された海域には、もう大きい魚は残っていない。

ウクライナのプリピャチの街。ソ連のチェルノブイリ（チョルノービリ）原子力発電所で働く人たちに住居を提供するため、1970年代に建設された。1986年4月、原子炉の1基が爆発し、住民は全員、即刻避難を強いられた。壊れた原子炉は現在も、奥に見えているとおり、危険な放射能漏れを防ぐため、アーチ形をした巨大なコンクリートの構造物で覆われている。（© Kieran O'Donovan）

1970年代の最新の設計で建設された居住区。ダンスホールや学校、水泳プール、電話ボックスもあるが、今では完全に無人と化している。何もかもが置き去りにされ、代わりに戻ってきた森に呑み込まれつつある。（© Maxym Marusenko/NurPhoto/Getty）

《動物園の冒険》の「パラグアイ編」の収録で、カメラに向かってムツオビアルマジロを紹介する筆者。後ろでは、出番を待つフタユビナマケモノが木にぶら下がっている。（© BBC）

左頁上：1954年、シエラレオネへ旅立つ前のチャールズ・レイガスと筆者。当時は飛行機の航法システムが未発達で、夜間に西アフリカまで飛ぶことができなかった。いったんカサブランカで降りて、一泊しなくてはならなかった。（© David Attenborough）

左頁下：それまで外部と接触を持たなかったニューギニア島中部のビアミ族の族長。近くの川の名を列挙しているところ。ものを数えるしぐさは、部族ごとに違うので、どの部族と交流があるかを推し量る手がかりになった。（© David Attenborough）

O·A·C

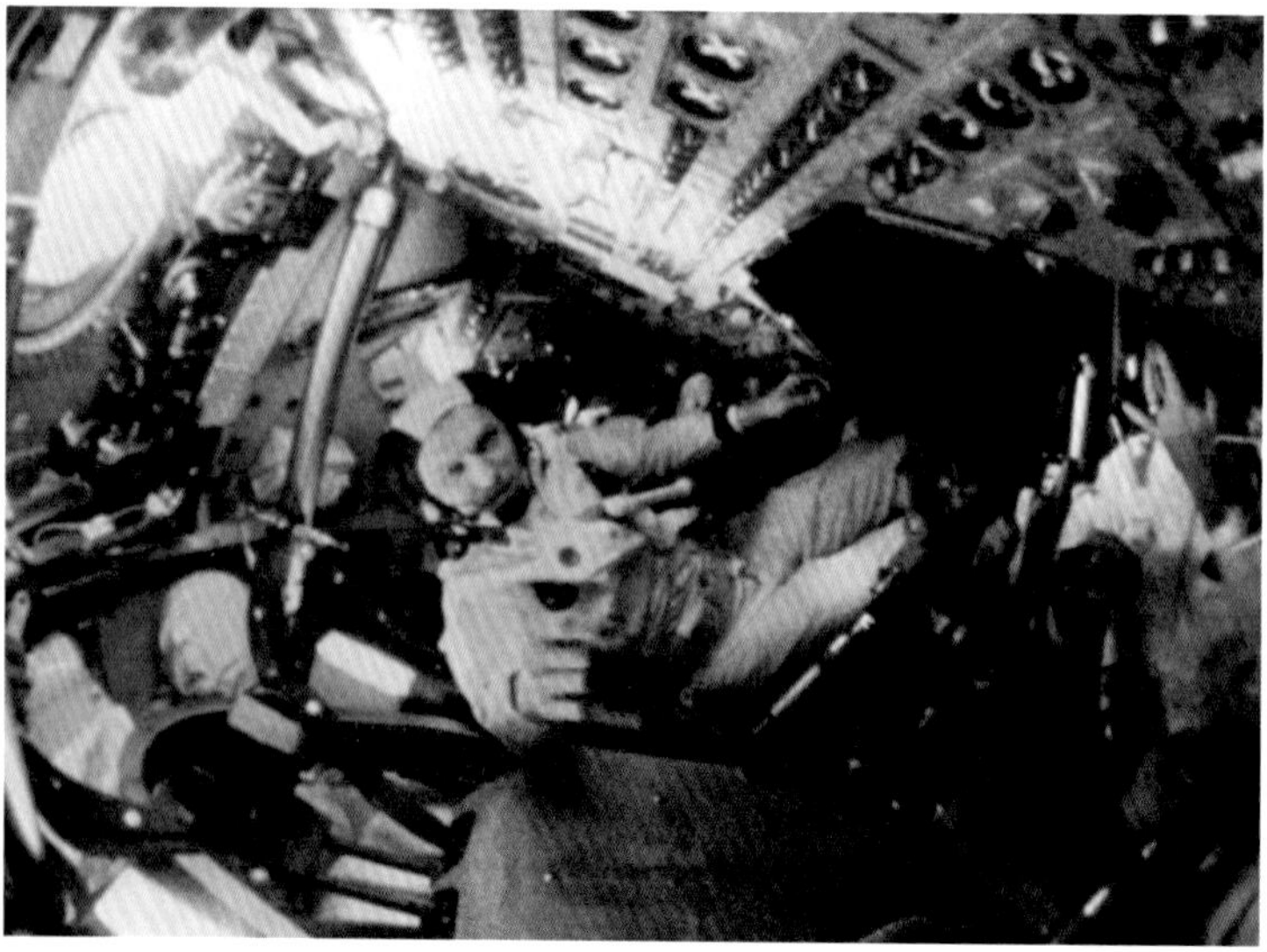

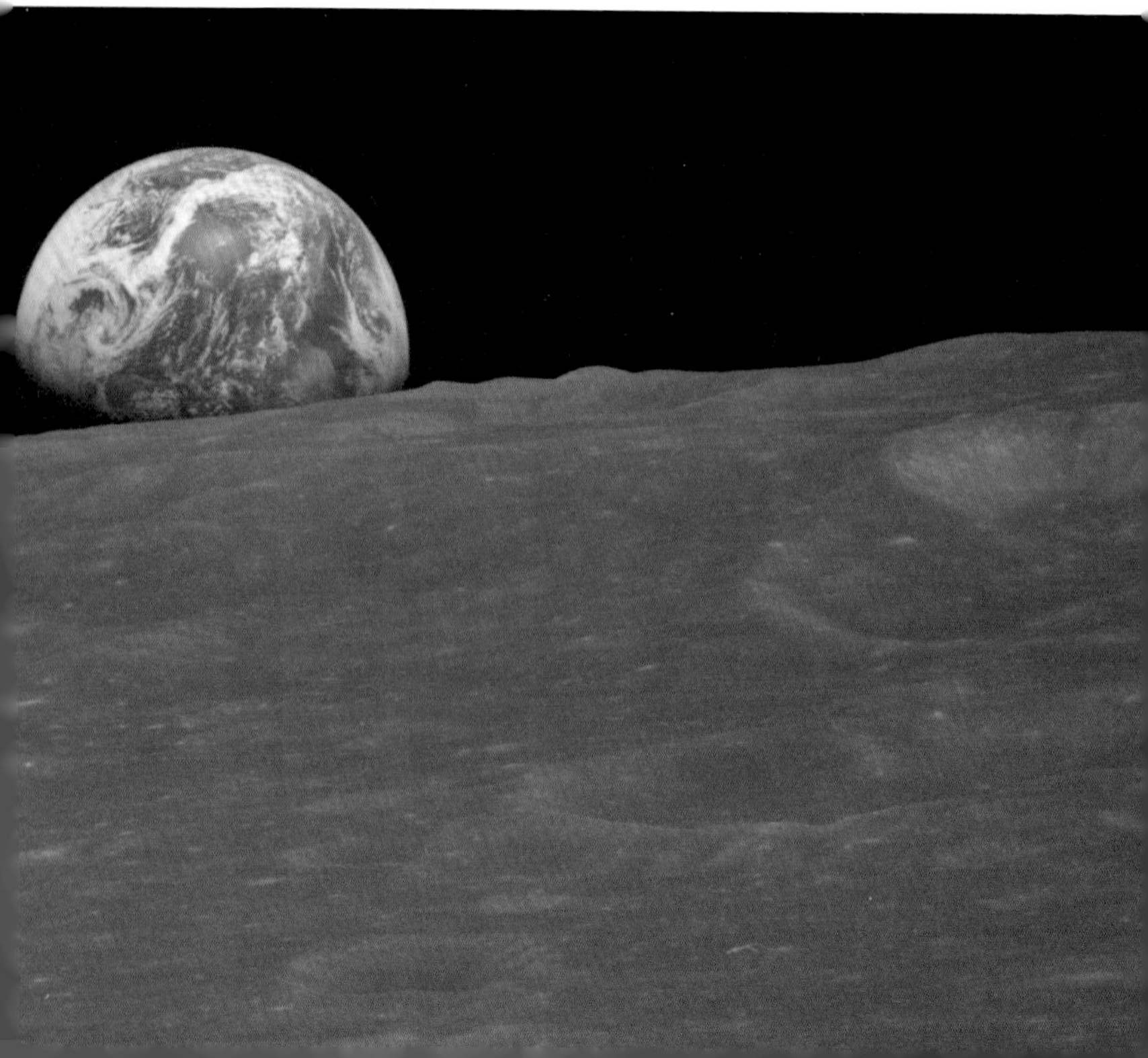

右頁上：1968年、アポロ8号の月周回ミッションで船長を務めたフランク・ボーマン。（© NASA）

人類が初めて目にした地球の全貌。アポロ8号によって撮影された。この1枚の写真で、わたしたちの地球や自分自身に対する見方が一変した。（© NASA）

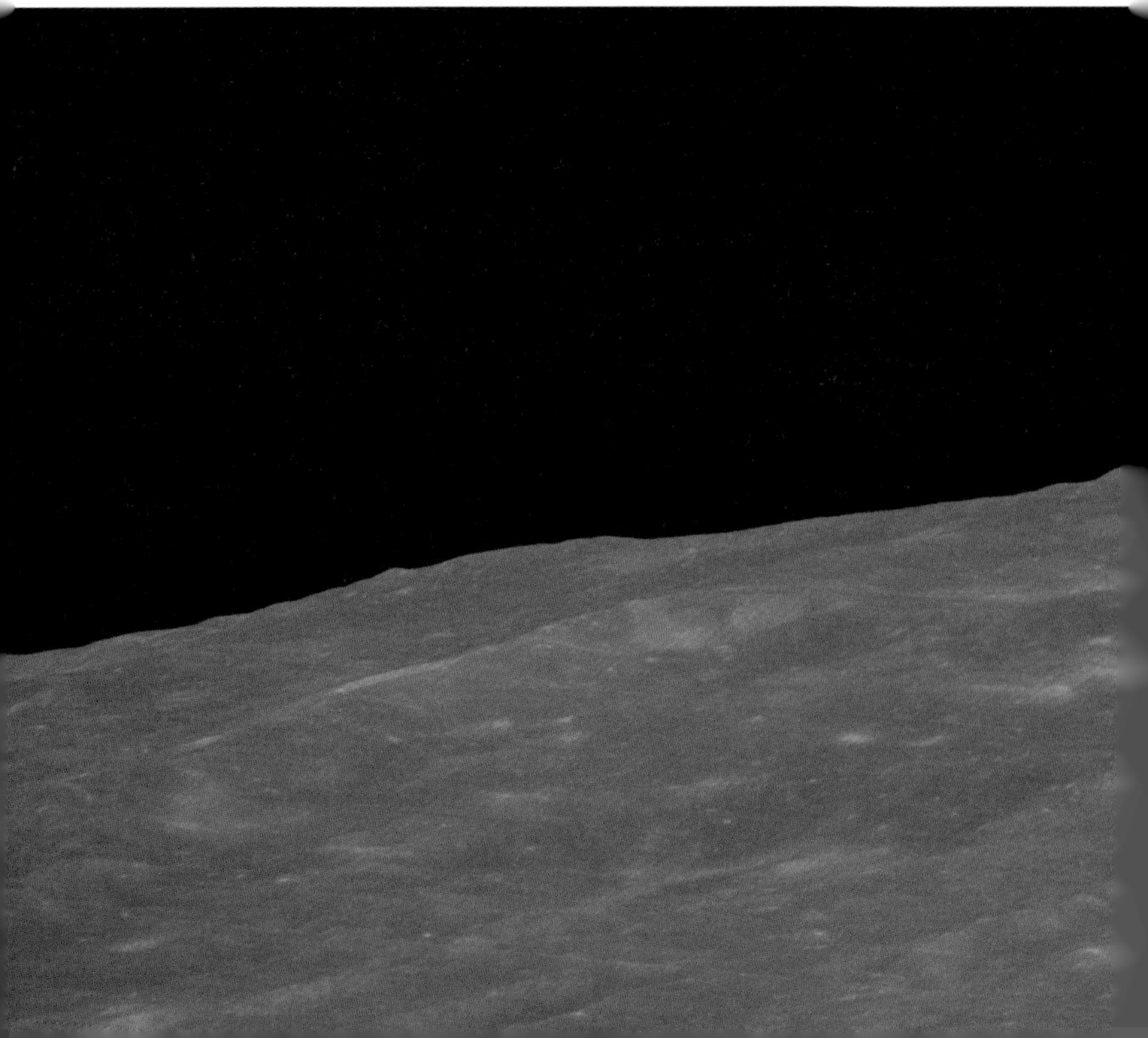

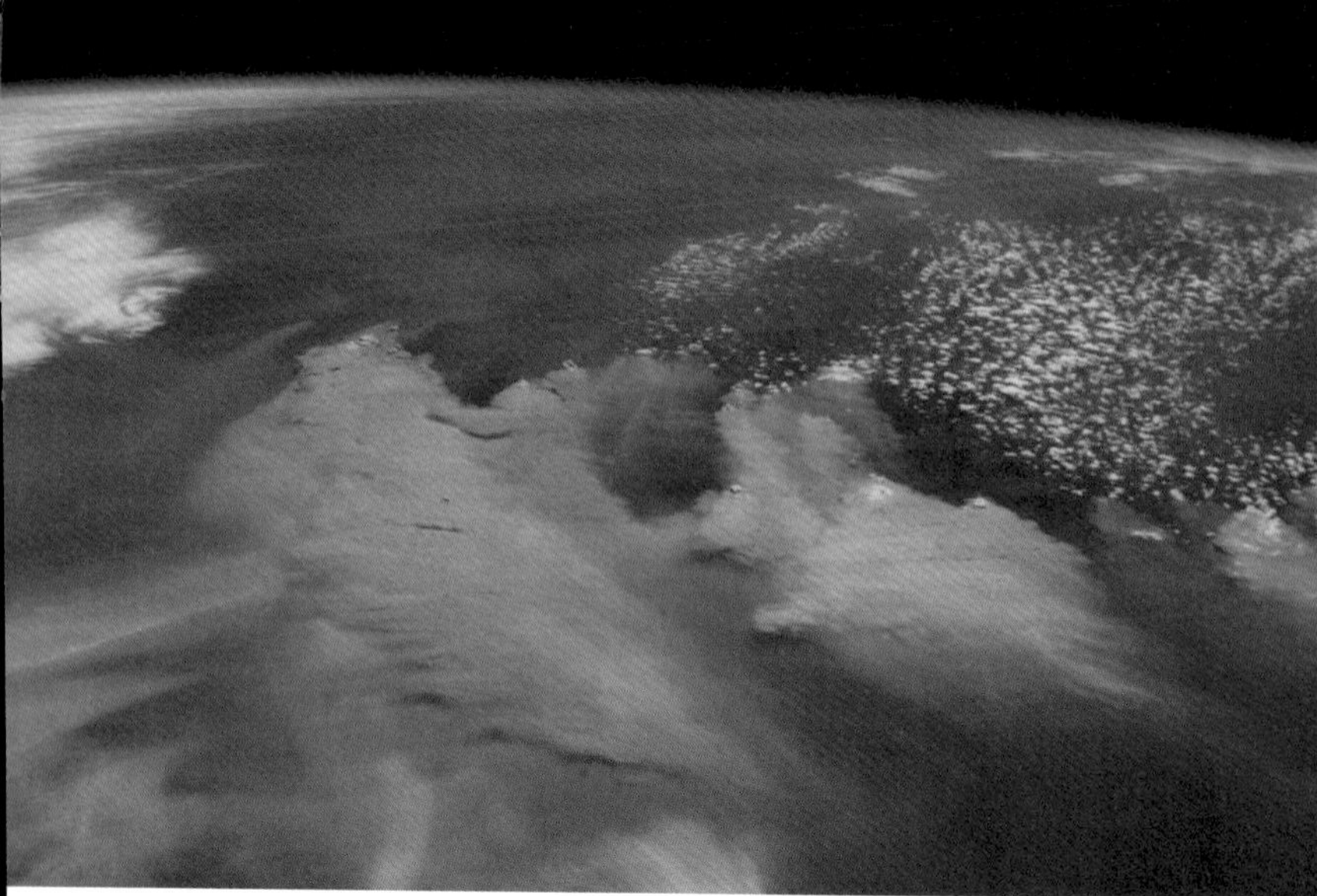

オーストラリア南東部で発生した記録的な森林火災により、茶色がかった濃い煙が白い雲を覆い尽くしている。2019年から20年にかけての夏、推定1800万エーカー（約7万2800平方キロメートル）の森林が煙と消え、30億頭以上の動物が死んだり、生息地を追われたりした。気候変動が原因と考えられるが、当時、オーストラリア政府にはそれを否定する者が多かった。（© Geopix/Alamy）

《フローズン・プラネット》の撮影の際には、ヘリコプターから麻酔銃でホッキョクグマを撃つノルウェー極地研究所の科学者たちに同行した。海氷の縮小のせいで、なかなかアザラシを捕まえられなくなったホッキョクグマの体重が減っていることが、長年の研究でわかってきた。この傾向が続けば、ホッキョクグマは絶滅を避けられないだろう。（© BBC）

サンゴ礁域は、この紅海のエジプト沿岸のように、地球上で最も生物の多様性に富んだ生息環境だ。ただし、複雑で豊かな生態系を持ちながらも、たいへん壊れやすい。現在のペースで地球温暖化が進んだら、海水温の上昇と海洋酸性化により、全世界のサンゴ礁の90%以上が消滅すると言われている。(© Georgette Douwma/naturepl.com)

サンゴ礁の白化は、多くの場合、水温の上昇で起こり、サンゴ礁がストレスにさらされていることを意味する。水温が上がると、サンゴは体内に棲むカラフルな藻類を体外に放出してしまう。その結果、多くのサンゴが死んで、白い石灰質の骨格がむきだしになるのが白化現象だ。(© Jurgen Freund/naturepl.com)

ザトウクジラはほかの大型のクジラ同様、20世紀前半、商業捕鯨の標的にされた。その個体数は一時、数千頭にまで減ったが、商業捕鯨の禁止後、約8万頭にまで回復した。これはチャンスに恵まれれば、自然はすみやかに回復できることの証拠だ。（© Brandon Cole/naturepl.com）

この魚との追いかけっこのような漁は、世界じゅうの沿岸の漁業コミュニティーで何世代にもわたって、向上を図られてきた。例によって、ここでも人類はその類いまれな問題解決能力を発揮して、じつにさまざまな漁獲の方法を発明した。特定の海や天候に合わせた船を作り、海図のように単純なものから、荒波に揺られても規則正しく動くクロノメーターまで、航法装置も考案した。

魚群が現れる場所の予測では、老漁師の経験と勘が生かされることもあれば、音波探知機というハイテクが用いられることもある。水中を引っ張る網、海面に漂わせる網、魚の群れを周りから取り囲む網、上から海に投げ込まれる網、海底に沈めて、底を這わせる網が、魚を捕まえるために考え出された。人類は海の深さを隅から隅まで計測し、隠れた海山や大陸棚の地図を作成しており、どこで魚を待てばいいかを知っている。ディンギーやカヌーのような小舟で漁をすることもあるいっぽうで、何カ月も洋上に留まれる船で、水中に網の壁を何キロにもわたって張りめぐらせ、何百トンもの魚を一網打尽にすることもある。

わたしたちは魚を取るのがうまくなりすぎた。しかも徐々にではなく、捕鯨や森林伐採の場合と同じで、急激に腕前を上げた。指数関数的に発展するのが、文化の進化の特徴だ。発明は積み重なる。ディーゼルエンジンとＧＰＳと音波探知機を組み合わせれば、そこから生まれる効果は、それらを単に足し合わせたものではなく、掛け合わせたものになる。しかし魚の繁殖能力には限界がある。その結果、現在、多くの沿岸域で乱獲によって魚の数が減っている。

外洋の魚をすべて取り尽くしてしまうというのはあまりに無謀な行為だ。海の食物連鎖は陸上のものとは大きく異なっている。陸上では、連鎖の数がわずか3つのこともある。草、ヌー、ライオンというようにだ。海では、ふつう4つや5つ、もしくはそれ以上の連鎖がある。微小な植物プランクトンが、肉眼でかろうじて見える程度の大きさの動物プランクトンに食べられ、動物プランクトンが稚魚に食べられ、稚魚が小さい魚に食べられ、小さい魚が大きい魚に食べられる。

この長い食物連鎖は、ベイト・ボールの場面でわたしたちが目撃したものであり、自立しており、自己制御されている。中型魚が1種でも人間によって食べ尽くされ、海から消えたら、その魚より食物連鎖の下位にいる生物は過剰に増え、上位にいる生物は自分ではプランクトンを食べられないので、餓死する。あのホットスポットでの、絶妙なバランスの取れた束の間の生命のほとばしりも、起こりにくくなる。海の表面付近の栄養物は沈んで、下層の暗闇へどんどん落ち、そこに留まってしまう。これは最終的には何千年も続いてきた表層の生物群を大きく損ねずにおかない。ホットスポットが減り始めれば、外洋は死に始める。

実際、時間の経過とともに、わたしたちは人口の増加に対処するため、ますます魚を取る能力を高めていかなくてはならなかった。年々、養わなくてはならない人間の数が増えているだけでなく、海で取れる魚の数が減っている。19世紀や20世紀初頭、つまりわたしたちの祖父とか曽祖父とかぐらいの時代の記録や報告にある海ですら、もう今の海と同じ海とは思えない。

例えば、ある古い写真には、腿までサケの山に埋まった漁師の姿が写っている。ニューイングランドでは、魚の大群が浜辺のすぐ近くまで押し寄せてきたことから、地元の人々が食事用のフォークを片手に海にばしゃばしゃと入っていき、魚を捕まえたことがあったという。スコットランドのカレイ漁では、400本の釣り針がついた綱を海に投げ込むと、当たり前のようにその針のほとんど全部にカレイがかかっていた。[16] わたしたちのそれほど遠くない先祖たちが使っていた漁の道具には、釣り針や綿製の網より高度なものはなかった。今のわたしたちは、先祖が見たら仰天しそうなハイテク技術を駆使していながら、食用になる魚を取るのに苦労している。

今の海には昔ほど魚がいない。わたしたちがそのことに気づきにくいのは、いわゆる「シフティング・ベースライン症候群」により、知らず識らずのうちにベースラインが変化しているからだ。どの世代も自分たちの経験にもとづいて、何が「ふつう」であるかを判断する。わたしたちはかつての海に魚がどれほどいたかを知らず、今わかっている魚の数を手がかりにして、海から何を得られるかを見きわめている。自分の経験では海の以前の豊かさも、海がどれほどの豊かさを取り戻しうるかも知りようがないので、わたしたちはどんな海を見ても、もともとその程度のものだろうと思ってしまい、世代を追うごとに、海への期待はおのずと小さくなっていく。

## サンゴの白化現象

いっぽう沿岸の浅い海でも、海の生命にほころびが出始めていた。1998年、《ブルー・プラネット》の撮影班が当時はまだ広く知られていなかった現象を目にした。サンゴ礁がふだんの鮮やかな色を失って、白くなっていたのだ。初めてそれを見た人は、美しいと思うかもしれない。木の枝や葉のような形をした純白のサンゴ礁は、精巧な大理石の彫刻のように見える。しかしそれがじつは悲劇であることにじきに気づく。自分が見ているのは、死んだ生物の骨格なのだ、と。

サンゴ礁は、クラゲの近縁のポリプと呼ばれる小さな生物の集まりでできている。ポリプの体の構造はいたって単純で、胃腔と、その先端に生えた何本かの触手と、触手の中央にある口からなる。触手には刺胞があり、それを使ってそばを通る微小な獲物を突き刺して捕まえ、口に運ぶ。獲物を飲み込むと、胃でそれが消化されるまで、口はいったん閉じられ、消化が終わると、次の食事のため、ふたたび開かれる。

ポリプは炭酸カルシウムで体壁を作って、腹をすかせた捕食者からやわらかい体を守っており、その体壁が発達すると、種ごとに形の違う大きな石像のような構造物になる。その構造物がいくつも合わさってできているのが、サンゴ礁だ。オーストラリア北東沖にある世界最大のサンゴ礁グレートバリアリーフは、宇宙からも見えるほど大きい。

サンゴ礁を訪れるのは、陸上のどんな野生生物に会いに行くのとも、まったく違う経験だ。水中に潜った瞬間から、重力のくびきから解放される。足につけたフィンで水を軽く蹴るだけで、あらゆる方向に移動できる。眼下に広がる色とりどりのサンゴの眺めは、まるで空から見た大都会のように雄大で、変化に富んでいる。

さらに目を凝らすと、個性豊かなすてきな住人たちの姿が見えてくる。鮮やかな色の魚や、小さなタコや、イソギンチャクや、ロブスターや、カニや、透明なエビや、そのほか、こんな生物が地球上にいたのかと驚かされるありとあらゆる生き物がいる。どの生き物もこの世のものと思えないほど美しく、またどの生き物も、すぐそばまで寄らない限り、こちらには一瞥もくれない。こちらはその上方に漂いながら、ただただ見惚れるばかりだ。もし向こうがこちらに気づいたら、じっとしていれば、近づいてきてくれることもある。ときには手袋をつついてくれさえする。

サンゴ礁の生物多様性は熱帯雨林のそれに引けを取らない。サンゴ礁も3次元であり、密林と同じぐらい豊かな生きる場所を提供している。ただしそこに暮らす生き物は熱帯雨林の生き物より、はるかにカラフルで、はるかによく目立つ。熱帯雨林の中に数週間もいると、緑以外の色を見るためだけに、オウムや花を探したくなる。サンゴ礁にいる小さな魚や、エビや、ウニや、ウミウシと呼ばれる貝殻がなく、代わりに触手に覆われている軟体動物たちは、想像力豊かな子どもたちがピンクや、オレンジや、紫や、赤や、黄の絵の具で色をつけたみたいに多彩な色をしている。

サンゴの色はポリプによるものではなく、サンゴの細胞内に共生している褐虫藻と呼ばれる藻類によってもたらされている。褐虫藻はほかの植物と同じように光合成をすることができる。したがって、サンゴのポリプと褐虫藻は共生関係を結ぶことで、動物であることと植物でもあることとの両方の利を得ている。

日中、太陽を浴びているときは、褐虫藻が光を使って糖分を生産し、それをポリプに供給する。ポリプはそれによって必要なエネルギーの90%をまかなっている。夜は、ポリプが一晩じゅう捕食を続ける。褐虫藻はその食事から自分の活動に必要な栄養をもらう。ポリプはまた炭酸カルシウムの体壁を上方向や外方向へ築き続けることで、日光の当たる位置にいられるようにもしている。栄養分の乏しい、浅くて暖かい海を生命のオアシスに変えているのは、そのような相互依存関係だ。ただし、その依存関係は壊れやすいバランスの上に成り立っている。

《ブルー・プラネット》の撮影班が見つけた白化現象が起こっているのは、サンゴがストレスにさらされて褐虫藻を排出してしまい、骨のように白い炭酸カルシウムの骨格があらわになったからだった。褐虫藻を失ったポリプは衰弱する。すると、海藻が群生し始め、サンゴの骨格を覆うようになり、サンゴ礁はあっという間に、かつての華やかさがうそのように荒れ果ててしまう。

当初、白化現象の原因は謎だった。科学者たちによる調査で、白化現象が起こっているのがたいていの場合、海水温の上昇が急速に進んでいる海域であることがわかるまでには、時間がかかった。そのしばらく前から、気象学者たちは、このまま化石燃料を燃やし続け、二酸化炭素などの温室効果ガスを大気中に撒き散らし続ければ、地球の温暖化を招くだろうと警鐘を鳴らしていた。温室効果ガスは地表付近に太陽のエネルギーを閉じ込める温室効果と呼ばれる現象を引き起こし、地球を温めると言われた。

　大気中の二酸化炭素濃度の劇的な変化は、過去5回の大量絶滅のいずれのときにも見られた現象だ。最も壊滅的だった2億５２００万年前のペルム紀の大量絶滅では、主要な原因ともなった。そのような変化の具体的な理由については議論があるが、[17] 地球史上最大かつ最長となる火山活動が１００万年間、勢いを増しながら続き、今のシベリアのあたりが２００万平方キロにわたって溶岩で埋め尽くされたことはわかっている。この溶岩がもとからある岩盤を貫いて広がり、広大な石炭層に達した結果、石炭が燃え出して、大量の二酸化炭素を大気中に放出した可能性がある。

　地球の平均気温は現在より6℃高い水準にまで上がり、海全体の酸化が進んだ。海水温の上昇は海洋システム全体にストレスをかけた。海水の酸化に伴って、炭酸カルシウムの殻を持つ海の生き物（サンゴもそうだし、多くの植物プランクトンもそうだ）はどんどん溶けた。そうなると海の生態系全体が崩壊するのはもう避けられなかった。結局、海洋生物種の96％が地球上から姿を消した。

それと似たような海の死の第1段階が始まったのが、《ブルー・プラネット》の撮影が行われた1990年代だった。それは人間には今や大規模な絶滅を引き起こすほどの力があるという恐ろしい事実を告げていた。しかもその力を行使するのに、海に行く必要すらなかった。その点が森林破壊の場合と違った。森林を破壊するには、みずから森へ行って、木を切り倒さなくてはならない。海の場合、わたしたちははるか遠くの、自分の目で見たことすらない生態系を破壊していた。そこから何千キロも離れた場所で営んでいる人間活動の副産物によって、海水の温度や化学組成を変えることを通じて、だ。

ペルム紀に海が汚染されたのは、前例のない火山活動が100万年続いたからだった。わたしたちはそれと同じことをわずか200年足らずで再現しようとし始めた。化石燃料を燃やすことで、先史時代に何百万年もかけて植物に取り込まれた二酸化炭素を、数十年で放出しようとしている。生物界は過去にそのような大気中の二酸化炭素濃度の大幅な上昇に対処できたことはない。石炭や石油や天然ガスへの依存を続ければ、わたしたちは穏やかで変化の少ない環境をみずから狂わせ、大量絶滅と同じような事態を招くことになる。

ただし、1990年代まで、そのような破滅に突き進んでいることを示す確かな証拠は海以外からはほとんど見つかっていなかった。海水温が上昇しているいっぽうで、どういうわけか世界の気温はおおむね安定していた。推定された原因は驚くべきものだった。気温が変化していないのは、海が地球温暖化で生じた熱を吸収して、人間活動の影響を見えなくしているらしいというのだ。近い将来、それも終わるだろうと言われた。白化したサンゴは、炭鉱のカナリアのようなものであり、わたしたちに爆発が迫りつつあることを警告していた。地球の調和が崩れ始めたことをわたしが初めて確信したのは、このときだった。

# 2011年

世界の人口　70億人
大気中の炭素　391ppm
原生的な自然の残存率　39%

## 解けゆく極地の氷

わたしが次に携わった大型シリーズは、地球の両極、北極と南極の大自然をテーマとするものだった。シリーズ名は《フローズン・プラネット（Frozen Planet）》。世界の平均気温は2011年にはすでに、わたしが生まれる前より0・8℃上昇していた。これは地球が過去1万年に経験したことのない急激な上昇だった。

わたしはそれまでの数十年のあいだに数回、極地を訪れたことがあった。そこには地球のほかのどことも違う光景が広がり、極限の環境に適応した生き物たちの姿が見られた。しかしその世界が変わり始めていた。北極の夏が長くなっていることをわたしたちは目の当たりにした。氷解の始まりが早くなり、氷結の始まりが遅くなっていた。もうすっかり海が氷に閉ざされている頃だろうと思ってやってきた撮影班が現地で見たのは、氷の張っていない海だった。つい数年前まで一年じゅう海氷に囲まれていた島にも、今や船で行けた。衛星写真を見ると、北極の夏の海氷の面積が30年で30%縮小したことがわかった。世界の多くの氷河が、記録的な速さで後退していた。[18]

夏の氷解の速度も増していた。気温が上がり、流氷の縁《へり》にかぶる海水が温かくなるにつれ、氷の解け方が速くなった。氷が解けると、地球の両極地の白い部分がそれだけ減る。暗色と化した海は、太陽の熱をより多く吸収できるので、正のフィードバックを生んで、いっそう氷解を加速させる。前回、地球が今と同じぐらい暖かかったとき、地球上の氷は今よりはるかに少なかった。氷解にはタイムラグがある。始まるまでに時間がかかる。しかしいったん始まったら、もうそれを止めることはできないだろう。

地球には氷が必要だ。藻類は海氷の下側の表面に付着し、氷越しに届く日光を浴びて育つ。その藻類を、無脊椎動物や小さな魚が食べる。北極でも南極でも、食物連鎖の土台になっているのは、それらの無脊椎動物や魚たちだ。両極地の海の豊かさは世界の中でも群を抜いており、クジラや、アザラシや、クマや、ペンギンや、そのほか数多くの鳥類に栄養を与えている。この冷たい海の恩恵を受けている生き物の中には、人類も含まれる。毎年、南極や北極の海で何百万トンという魚が取られ、世界じゅうの市場に送り届けられている。

極地の夏の気温が上がると、海に氷がない期間が長くなる。海氷の上でアザラシを狩っているホッキョクグマにとって、これは由々しい事態だ。夏のあいだ、ホッキョクグマは北極の浜辺をぶらつきながら、脂肪の蓄えで生き、ふたたび氷が張るのを待っている。氷がない期間が延びるにつれ、懸念すべき傾向が生じていることに科学者たちは気づいた。妊娠した雌が脂肪の蓄えを使い果たしてしまい、生まれてくる子グマの体が小さくなりだしていたのだ。今後、夏が今よりわずかに長くなるだけで、その年に生まれる子グマの体が、最初の冬を乗り越えられるだけの大きさに達しない可能性がある。そうなったら、ホッキョクグマは絶滅するだろう。

このようなティッピング・ポイント（転換点）は、自然界の複雑な仕組みの中には数限りなくある。しかも往々にして、そこに達するまで、ほとんど前触れがない。突然、激変が起こり、やがて新しい別の状態で安定する。そのような傾向に歯止めをかけるのが、もう無理な場合もあるかもしれない。すでに失われたものが多すぎ、不安定化した部分が多すぎる場合もあるかもしれない。そういう破滅的な事態を避けるための唯一の方法は、ホッキョクグマの子グマの体が小さくなっているというような、危険な兆候を注視して、正しく理解し、すばやく行動することだ。

ユーラシア大陸の北岸沿いにも、そのような兆候が見られる。セイウチはふつう、北極海のいくつかの決まった海底で、貝類を探して食べている。その貝探しと貝探しの合間には、海氷の上に寝転んで体を休ませる。ところが近年、その休憩所が解けて、消えてしまっている。そのため、遠くの岸にある浜まで泳いでいかなくてはならない。しかも適当な場所は数えるほどしかない。その結果、1つの浜に、太平洋に生息する全セイウチの3分の2、何万頭という数のセイウチが集まっている。浜はひどく混み合い、立錐の余地もない。押し合いへし合いを嫌い、坂を這い上がって、崖の上に登るものもいる。セイウチは水の外では視力がたいへん悪いが、崖の下に広がる海の匂いははっきりと感じ取れる。そのせいで、最短距離で海に出ようとして、崖から転がり落ちてしまう。1トンもの体重のセイウチが転落し、息絶える光景は、一度見たら、なかなか脳裏から離れない。何かが決定的におかしくなっていることは、もはや野生生物の専門家でなくともわかる。

# 2020年

世界の人口　78億人
大気中の炭素　415ppm
原生的な自然の残存率　35％

## 現在の地球の状況

人間活動の影響は地球全体に及んでいる。わたしたちが見境なく地球を痛めつけたことで、生物界の根幹が揺らぎ出している。2020年の地球は、次のような状況だ。[19]

毎年8000万トンの水産物が海から取られ、すでに魚種資源の30％が危機的なレベルにまで減っている。[20] 大型の海水魚にいたっては、ほぼ完全に取り尽くされた。

世界の浅海に生息するサンゴはおよそ半分に減り、毎年のように大規模な白化が起こっている。

沿岸開発と海産物の養殖事業によって、マングローブ林や藻場は30％以上減少した。プラスチックごみが海の表層から最も深い海溝まで、海のいたるところで見つかっている。北太平洋には、1・8兆個ものプラスチックの破片が集まって浮いている「ごみベルト」と呼ばれる海域がある。これは海の表層に渦を生じさせる海流の影響でできたものだ。ほかにも世界の海には、同じように渦を巻いた海域に「ごみベルト」が4つある。

プラスチックは海の食物連鎖にも浸透しており、90％以上の海鳥の胃にプラスチック片が入っている。インド洋西部に、自然保護区に指定され、立ち入りがきびしく制限されているアルダブラという群島がある。わたしが《ザ・リビング・プラネット（The Living Planet）》の撮影のため、1983年にその島に行ったとき、浜辺で見かけた漂流物はオオミヤシの巨大な実ぐらいだった。最近、別の撮影班が同じ島を訪れたところ、浜辺のあちこちに人間が出したごみが散乱していたという。島には100歳を超える大型のリクガメが生息している。そのリクガメたちも今では、ペットボトルや、油の缶や、バケツや、ナイロンの網や、ゴム製品の中を這って進まなくてはならない。

今や地球上のすべての浜辺に、人間が出したごみが落ちている。

淡水の水系も、海と同じように危機に瀕している。世界には巨大なダムが5万基以上あり、世界のほぼすべての大河が流れを堰き止められている。ダムは川の水温にも影響を及ぼし、魚の回遊や産卵の時期を著しく変えることもある。

川には人間の生活から出たごみが捨てられているのに加え、周辺の土地で使われた肥料や、農薬や、工業用化学物質も流れ込んでいる。川は今や地球上で最も環境汚染が深刻な場所だ。人間は川から水を引いてきて、農地を潤しており、一部の川ではそのせいで水位が極端に下がってもいる。季節によっては海に達しないことすらある。

わたしたちは氾濫原や河口域で開発を進め、次々と湿地を埋め立てている。わたしが生まれたときに比べ、湿地の総面積はわずか半分になった。

わたしたちが淡水の水系を痛めつけたせいで、そこに生息していた動植物の数は、ほかのどの生息環境の動植物よりも大きく減った。世界全体で、動物の個体数は80%以上も減少した。例えば、東南アジアのメコン川では、世界の淡水魚の漁獲量の4分の1を占めるほどの魚が取られ、それが6000万人の貴重な蛋白質源になっている。しかし、ダムや、過剰取水や、汚染や、乱獲の影響が重なり、漁獲量は年々減っている。量だけではない。魚の大きさも小さくなっており、最近は、どうにか食用になる魚を捕まえようとして、蚊よけの網を漁に使う漁業者もいる。

森林では現在、毎年150億本以上の木が切り倒されている。世界の熱帯雨林の面積は半分に減った。継続的な森林破壊の最大の原因になっているのは、肉牛生産だ。肉牛生産のために切り開かれている森林の面積は、それに次いで多くの森林を切り開いている3つの分野の合計の2倍に匹敵する。ブラジルだけで、1億7000万ヘクタールの土地が牧草地にされているる。これは英国の国土の7倍に当たる。肉牛生産に次いで2番めに多くの森林を破壊しているのは、大豆生産だ。大豆生産には、南米を中心に、世界でおよそ1億3100万ヘクタールが使われている。3番めは、2100万ヘクタールを使うアブラヤシのプランテーションで、その大半は東南アジアにある。[21]

残っている森林も、道路や、畑や、プランテーションによってずたずたに分断されている。縁の長さが1キロに満たない森林が70%を占める。深く暗い森はわずかしかない。

世界全体の昆虫の数はこの30年で、4分の1減った。殺虫剤が大量に散布された場所ではその減少率はさらに高い。最近の調査によると、ドイツで飛翔性昆虫の量が75%、プエルトリコで林冠に生息する昆虫やクモの量が90%近く減ったという。昆虫はあらゆる生き物の中で群を抜いて多様性に富んでいる生き物のグループだ。多くは花粉の運び手として、数々の食物連鎖で欠かせない役割を果たしている。いっぽうで捕食者もいて、それらの昆虫は草食の昆虫が増えすぎるのを防いでいる。[22]

地球上の肥沃な土地は、その半分までがすでに耕地になっている。しかもそのほとんどが酷使されている。硝酸カリウムやリン酸の過剰投与もそうだし、過放牧も、焼き畑も、土壌に過度に負担をかけるさまざまな作物の無分別な栽培も、土壌を育んでいる無脊椎動物を殺す農薬

の散布もそうだ。多くの土壌が今や表土を失って、菌類や、ミミズや、特殊な細菌や、そのほかの数多くの微生物であふれた豊かな生態系ではなくなり、固くて痩せた無機的な地面に変わった。その結果、雨水が舗装路の上を流れ落ちるように土壌から流れ落ちてしまう。近年、農業の工業化が進んでいる多くの国々で、国の中心地を水没させるほどの大洪水が頻発している一因はそこにある。

現在、地球上にいる鳥類の70％は人間に飼われている。その大多数を占めるのがニワトリだ。全世界で人間が食べているニワトリの数は毎年500億羽にのぼり、世界にはつねに230億羽のニワトリがいる。その多くは森林を切り開いた土地で取れた大豆ベースの餌で育てられている。

さらに驚愕するのは、地球上の全哺乳類の量の96％が人間と家畜で占められているという事実だ。人間が全体の約3分の1、家畜（主にウシ、ブタ、ヒツジ）が60数％を占めている。残りの哺乳類（つまりネズミからゾウやクジラまで、すべての野生の哺乳類）が占める割合はわずか4％でしかない[23]。

## 知らず識らずのうちに辿っている破壊への道

1950年代以来、野生動物の個体数は平均して半分以上減った。今、昔の自分の番組を振り返ると、当時は、大自然の中に身を置いて、人跡未踏の地を歩き回っている気になっていたが、それが幻想だったことを思い知らされる。あの森や平原や海はすでに消え始めていたのだ。大型動物の多くはすでに希少種になっていたのだ。ベースラインの変化のせいで、地球上のあらゆる生物に対するわたしたちの認識は歪んでしまっている。わたしたちは忘れているが、かつては横断するのに何日もかかる温帯林があったし、通り抜けるのに4時間もかかるバイソンの群れもいた。空を埋め尽くして、あたりを暗くするほどの鳥の大群も見られた。それらはわたしたちが生まれる少し前まで日常的な光景だった。しかし今は違う。わたしたちは貧しくなった地球の姿を見慣れてしまっている。

野生はことごとく人間の管理下に置かれるようになった。わたしたちは地球をわたしたちの惑星、人類によって人類のために営まれる惑星と見なしている。生物界のほかのメンバーのことはほとんど一顧だにされない。ほんとうに野生と言える世界、人間が関わらない世界はすっかり消えてしまった。地球は今や隅々まで人間に占領されている。

わたしは数年前からあらゆる機会を捉えてこのことを話してきた。国連でも、国際通貨基金でも、世界経済フォーラムでも、ロンドンでの投資家の会合でも、グラストンベリー・フェスティバルでも、わたしの訴えを聞いてもらった。こんなことに関わらずにすめばよかったと思う。こんなことはそもそも必要にならなければよかったと思うからだ。しかしわたしは信じられないほどの幸運に恵まれ、幸せな人生を送ってきた。もし今、どんな危険があるかを知りながら、それを見て見ぬ振りをしようとしたら、きっとあとで罪の意識にさいなまれるに違いない。

わたしも四六時中、人類が地球に対してしてしたひどい所業のことを考えているわけではない。結局のところ、太陽は今も毎朝昇るし、郵便受けには新聞がきちんと届く。それでも、ほとんど毎日のように、ふと頭をかすめることがある。それは、プリピャチの哀れな住民のように、わたしたちは知らず識らずのうちに破滅への道を歩んでいるのではないか、ということだ。

# 第 2 部

# これから
# 待ち受けていること

## 「大加速（グレート・アクセラレーション）」の時代

これからの90年の目撃証言をすることになる人たちのことがわたしは心配だ。人類が今の生活を続けたら、世界はどうなるだろうか。最新の科学的な知見[1]では、生物界の崩壊が行き着く先であることが示唆されている。現に崩壊はすでに始まっており、その勢いは増すことこそあれど、衰えることはないと予想される。自然界の衰退の影響は、規模も範囲も、連鎖的にどんどん拡大するだろう。

わたしたちが頼りにしているあらゆること——地球の環境がこれまでずっと無償で提供してくれていたあらゆるサービス——が滞ったり、完全に消えたりし始める恐れがある。そのときに起こる大惨事は、チェルノブイリの事故をはじめ、人類がこれまでに経験したどんな災害もかすんで見えるほど、破滅的なものになるだろう。家屋の浸水とか、竜巻の大型化とか、夏の山火事とかいうレベルではとうていすまない。その惨事に遭遇した世代はもちろん、続く世代においても、すべての人々の生活の質が不可逆的に低下するだろう。地球規模の生態系の混乱がやがて収束して、わたしたちが新しい均衡状態に達することができても、人類が地球上に存続する限り、豊かな地球は永久に戻らないかもしれない。

主流の環境科学によって予想されている未曾有の大惨事の直接の原因は、ほかでもない地球に対する現在のわたしたちの振る舞いにある。第二次世界大戦後の1950年代から、人類は「大加速（グレート・アクセラレーション）」と呼ばれる時代に突入した。影響や変化の値を時系列のグラフにすると、多くの領域で、驚くほど似たようなパターンが示される。人間活動の傾向は国内総生産（GDP）のほか、エネルギー消費や水消費、ダムの建設、電気通信の普及、農地面積の推移などで表すことができる。環境にどういう変化が起こっているかは、さまざまな方法で分析できる。大気中の二酸化炭素や亜酸化窒素やメタンの濃度の計測からも、地表付近の気温や、海洋酸性化や、魚の個体数や、熱帯雨林の消失面積の計測からも分析は可能だ。

しかし何を計測しても、グラフに描かれる線の形は似通ったものになるだろう。20世紀半ばから加速度的に上昇して、険しい山の斜面ないしはホッケーのスティックのような形になるだろう。作るグラフ作るグラフがすべて同じになる。そのように何もかもが急成長しているのが、現代社会の特徴にほかならない。それはわたしがこの目で見てきた時代の普遍的な型になっており、わたしが報告しているどの変化の背後にも大きく横たわっている。一人称で「大加速」の歴史を語っているのが、わたしの証言なのだ。

それらのグラフをひととおり見て、そこに判で押したように右肩上がりの線が描かれているのを目の当たりにすれば、当然、次のような疑問が浮かぶだろう。こんなことがいつまでも続くのだろうか、と。もちろん続くわけがない。

微生物学者もこれと同じ形で始まる成長のグラフを持っており、それがどのように終わるかを知っている。無菌のシャーレに数個の細菌と培地を入れて、密閉する。細菌にとって完璧な環境だ。競争相手がおらず、しかも栄養もたっぷりある。細菌がこの新しい環境に順応するまでにはいくらか時間がかかる。この準備期間を「遅滞期」という。遅滞期は1時間のことも、数日かかることもあるが、どこかの時点で突然終わる。すると、シャーレ内の条件をどう利用すればいいかという問題を解決した細菌が分裂によって、増殖し始める。分裂は20分に1回起こるので、20分に2倍のペースで個体数は増えていく。こうして指数関数的に増殖する「対数期」が始まる。培地の表面にどんどん細菌が広がっていく段階だ。この段階では、各個体が自分の場所を確保して、必要な栄養を得ようとする。これは生態学では共倒れ型競争と呼ばれる。細菌どうしが他者を押しのけて自分が先になろうとする争いだ。

密閉されたシャーレのような閉じられたシステムの中で、このような競争が起これば、ハッピーエンドは期待できない。やがて増殖が進み、培地が細菌で埋め尽くされると、そこからは増殖すればするほど、各個体どうしが互いに邪魔な存在になり始める。培地から得られる栄養が足りなくなり始める。排出されるガスや熱や液体が急速に溜まり、環境を悪化させ始める。

個体が死に始め、ここで初めて増殖率が鈍化する。死ぬ個体の数も、環境の悪化のせいで加速度的に増えていき、ほどなく「死亡率」と「出生率」が並ぶ。そのときついに個体数はピークに達し、そのまましばらく減りも増えもしなくなる。

しかし有限のシステム内で、そのような安定は永遠には続かない。持続可能ではないということだ。栄養があちこちで尽き始め、排泄物がシャーレ内に致命的に充満し、細菌のコロニーは形成されたときと同じように一気に崩壊する。最終的に、密閉されたシャーレの中は最初とはまったく違う場所と化す。栄養がなく、環境は高温化と、酸化と、有害な物質の汚染で破壊されている。

「大加速」はわたしたちを、わたしたちの活動とそのさまざまな影響の程度を、対数期へと移行させる。何十万年という遅滞期を経て、わたしたち人類は20世紀の半ばに、地球上で生きるうえでの実際的な諸問題を解決したようだ。おそらくそれは工業化が始まったことの必然の結果だったのだろう。工業化により、わたしたちは個人の力を増大させる新しい動力源と機械を手に入れた。

しかし決定的な引き金となったのは、第二次世界大戦の終結だったようだ。戦争自体は医薬や、工学や、科学や、通信の飛躍的な発展をもたらした。戦争の終結により、国際連合や世界銀行や、のちには欧州連合など、数々の国際的な機関の設立が促された。どれも世界を結束させ、グローバルな人類社会の協力を実現しようとする機関だった。それらの機関は前例のないほど一定の平和が長く続く時代――「大いなる平和（グレート・ピース）」――を築くのに貢献した。そのおかげで、わたしたちは自由を享受でき、あらゆる成長の機会を加速させることができた。

「大加速」の曲線は、外見的には進歩に見える。その期間に、世界の多くの人々のあいだで、平均寿命から、識字率と教育や、医療の普及や、人権や、1人当たりの所得や、民主主義まで、人類の発展を示す指標の値が著しく上昇した。わたしが就いた職業も、「大加速」によって輸送と通信が発達したからこそ生まれたものだった。ありとあらゆる人間活動が過去70年のあいだに驚異的な拡大を遂げたおかげで、人類が夢見てきた多くのことが実現した。

しかし忘れてはならないのは、それらの恩恵の数々には必ず代償が伴っているということだ。細菌と同じように、わたしたちもガスを排出し、環境を酸化させ、有害な廃棄物を出している。それらの代償も急速に溜まっていく。人類の加速度的な成長は永久には続かない。アポロから撮影されたあの写真を見れば、地球が密閉された細菌のコロニーのシャーレとまったく同じように、閉じられたシステムであることは一目瞭然だ。地球があとどれぐらい持ちこたえられるのかを、わたしたちは早急に知る必要がある。

最近の新しい重要な科学分野の中には、惑星規模で自然の状態を調べることで、それを明らかにしようとしている分野がある。「地球システム科学」だ。ヨハン・ロックストロームとウィル・ステファンに率いられたその第一人者たちのチームが研究しているのは、世界じゅうの生態系の回復力だ。[2] 彼らは各生態系の安定がどのような要素によって、完新世を通じて保たれてきたかに注目し、各生態系がどの時点で崩れ始めるかをモデル化の手法で実験した。彼らが解明しつつあるのは、わたしたちの命を支えているシステムの仕組みと、それに内在する弱点にほかならない。このすこぶる意欲的な研究は、地球の営みについてのわたしたちの理解を大きく変えた。

彼らは地球の環境に備わっている9つの限界――「地球の限界」――を突き止めた。人間活動の影響がその閾値内に留まっている限り、わたしたちは安全に活動を続けられる。つまり持続可能ということだ。わたしたちがあまりに地球に多くを求めすぎて、それらの限界が1つでも超えられれば、命を支えているシステムが危険にさらされる。取り返しがつかないほど自然が衰えて、完新世の温和な環境を維持してきたその能力が失われる恐れがある。

地球の制御室でわたしたちはそれらの9つの限界のつまみを不用意に回し続けている。ちょうど1986年にチェルノブイリの制御室で不運な夜勤の運転員がしていたのと同じようにだ。チェルノブイリの原子炉にも、内在する弱点と限度があり、その中には運転員が把握しているものとしていないものとがあった。運転員たちはシステムの試験のため、意図的につまみを動かしたが、そうすることのリスクについては恐れもしていなければ、理解もしていなかった。限度以上につまみが動かされたとたん、核分裂の連鎖反応が始まり、原子炉はたちまち不安定化した。そうなってはもう惨事を食い止める手立てはなかった。複雑でもろい原子炉が暴

## 地球の限界モデル

現状
数値化されていない限界

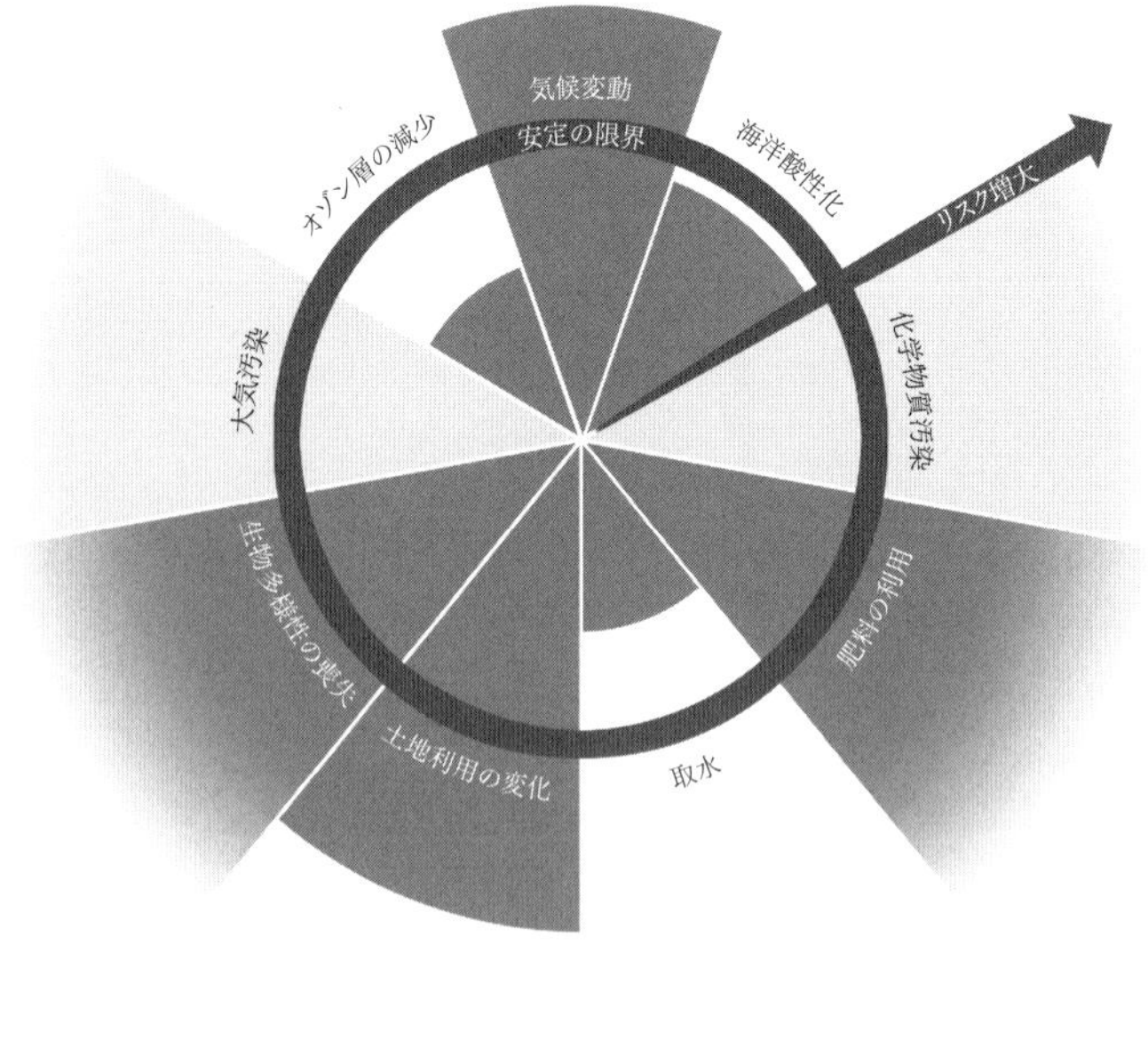

走しており、もはや爆発は時間の問題だった。

今の人間活動がこのまま続けば、地球の破壊もやはり時間の問題だ。9つの限界のうち、4つはすでに超えられてしまった。肥料の過剰投与によって、地球を汚染し、窒素とリン酸の循環を壊しているのが1つ。森林や草原や湿地など、陸上の生息環境を見境のないペースで農地へ変えているのが1つ。地球史上に例のない速さで大気中の二酸化炭素を増やし、地球を急速に温暖化させているのが1つ。大量絶滅時の化石の記録に匹敵し、平均の100倍以上にもなる生物種の絶滅率（言い換えるなら、生物多様性の喪失率）を招いているのが1つだ。[3]

当然ながら、気候変動のことはそこかしこで語られている。しかしすでにはっきりしているのは、人為的な気候変動は、数多くの差し迫った危機の1つにすぎないということだ。地球科学者たちの研究によって、現在、4つの警告灯が点灯していることが明らかになっている。わたしたちの活動はすでに安全が保証される範囲を超えてしまっている。爆発に降下物が伴うように、「大加速」は今その副産物として、生物界に真逆の反応、「大衰退（グレート・ディクライン）」を引き起こしつつある。

科学者の予測によれば、わたしが生きた時代を決定的に特徴づけていた地球環境の破壊がほんの序の口だったと思えるほど、次の100年にはさらにすさまじい破壊が起こるという。わたしたちが今、針路を変更しなければ、きょう生まれた人たちは次のような事態を目にすることになるだろう。

## 2030年代——アマゾンの熱帯雨林の減少と地球上の氷の減少

アマゾン盆地で数十年にわたり、農地を増やしたいと欲する人々によって、無謀な森林伐採と違法な焼き畑が続けられた結果、このままで行けば、アマゾンの熱帯雨林は2030年代までにもとの広さの75%まで縮小する。それでもまだ広いが、それがティッピング・ポイント（転換点）になり、「森林の立ち枯れ」と呼ばれる現象を引き起こす可能性がある。森林は急に、林冠の減少のせいで、雨雲の発生に必要な水蒸気を十分に放出できなくなる。最初にアマゾンの最も脆弱な部分が劣化して、季節性の乾燥林に変わり、やがて開けたサバンナと化す。衰退は悪循環を招く。立ち枯れが増えれば増えるほど、立ち枯れは生じやすくなる。したがって、アマゾン盆地全域の乾燥化も、恐ろしいほどあっという間に進むことが予想される。[4]

生物多様性の喪失は甚大な規模になるだろう。全世界の既知の生物種の10種に1種がアマゾンに生息している。これはつまり局部的な絶滅が無数に起こって、その影響がドミノ倒しのように生態系全体に及ぶことを意味する。あらゆる野生生物の個体群が大きな打撃を受け、各個体は食べ物や繁殖相手を見つけるのがどんどん困難になるだろう。

薬や、新しい食料や、工業原料になったかもしれない種が、その存在すら知られないうちに地上から消え去ってしまうかもしれない。しかし人類への影響はそれよりはるかに深刻で、甚大だ。
わたしたちはこれまでアマゾンに提供してもらっていた数々の生態系サービスを失うことになる。アマゾン盆地では洪水が頻発するようになるだろう。木が次々と死んで、木の根によって固定されていた土が支えをなくし、川へ流れ込むからだ。３０００万人が川の流域から立ち退かざるを得なくなる可能性がある。そこには約３００万人の先住民も含まれる。森から立ちのぼる水蒸気の変化により、南米全土で雨の量が減って、各地の大都市で水不足が起こる恐れがある。皮肉にも、森林を伐採して作られた畑はその伐採のせいで日照りに見舞われる。ブラジル、ペルー、ボリビア、パラグアイでは食料生産に大きな支障が出るだろう。

アマゾンの最大の生態系サービスは、完新世の初めからずっと、１０００億トン以上の炭素を木の中に閉じ込めていることだ。新しい乾季ごとに発生する森林火災によって、その炭素がしだいに大気中へ放出されていく。同時に、森林の光合成の能力が低下することで、年々、アマゾンによって取り込まれる炭素の量も減る。その結果増えた大気中の二酸化炭素は、間違いなく地球温暖化を加速させる。

地球の反対側では、北極海が２０３０年代には初めて氷のまったくない夏を迎えると考えられている[5]。これは北極点に開けた水域ができることを意味する。繰り返し凍結し、何層もの厚さがあるフィヨルドの多年氷ですら、暖かさに持ちこたえられず、解け始めるかもしれない。そうなれば海氷の下側に群生する海藻が海に放り出されて、北極海全体の食物連鎖に影響が及ぶ。

地球上の氷が減ることにより、毎年、地球の表面から白い部分が減る。これは地表に反射して宇宙へ戻る太陽のエネルギーが減ること、ひいては地球温暖化の勢いがさらに増すことを意味する。北極は地球を冷やす能力を失い始める。

## 2040年代——永久凍土の融解と炭素の放出

この温暖化の加速から数年後、次の大きなティッピング・ポイントが訪れると考えられる。その頃には北半球の気候温暖化によって、アラスカやカナダ北部やロシアのツンドラや森では、表土の下に広がる「永久凍土」の融解がすでに数十年にわたって続いているだろう。[6]この現象は氷河の後退に比べると、観測しづらく、予測もしづらい。しかしはるかに大きな危険を秘めている。完新世が始まって以来、それらの地域ではつねに凍土が土壌の80%を占めてきた。外から見える融解の唯一の兆候は、極北に現れた新しい湖や禍々しいクレーターだけだ。そのような場所では地中の水が流れ出して、土地が陥没してしまっている。

しかし2040年代には、ツンドラでさらに広い崩壊が起こると考えられる。数年のあいだに、土壌を繋ぎ止めていた氷が消え、北半球の陸地面積の4分の1に相当する北部全域が泥地と化す可能性がある。新たに液化した何百万立方メートルという土壌が低いほうへ流れようとし、大規模な地滑りや洪水が発生するだろう。何百という川の流路が変わり、何千という小さな湖が干上がりもするだろう。海岸に近い湖の水が海に漏れ出して、泥交じりの淡水が海に大量に流れ込む恐れもある。地域の野生生物には計り知れない影響が出るだろうし、そこに暮らす人々——先住民族のほか、漁師や、石油・天然ガス会社の従業員、運輸や林業に携わる人——は移住を迫られるだろう。

しかし融解によってもたらされる重大な事態は、地球上のすべての人々に影響を与える。太古の昔から、永久凍土には推定1400ギガトンの炭素が閉じ込められてきた。これは人類が過去200年間で排出した炭素の4倍以上、現在の大気に含まれている炭素の約2倍の量だ。融解によってこの炭素がじわじわと放出され、何年後かには、一度開いたらおそらく二度と閉じられないメタンと二酸化炭素のガス栓が開くことになるだろう。

## 2050年代——海の酸化と水産資源の枯渇

今後30年間に起こる山火事と融解は、大気中の炭素量の増加にそれこそ「大加速」と言える拍車をかけるだろう。大気から炭素を吸収する働きをしている海は、炭素を応分以上に吸収することになる。海に吸収された二酸化炭素は、最初は表層で、その後は海洋循環に乗って移動することにより全層で炭素酸に変化する。2050年代までには、生物の壊滅的な減少を引き起こすほど、海全体の酸化が著しく進む可能性がある。

海の生態系の中で最も生物多様性に富むサンゴ礁は、特に酸化に弱い[7]。長年、白化によって痛めつけられていたところへ、さらに酸化の進行が加われば、炭酸カルシウムの骨格を修復するのがいっそう困難になる。気温が上昇し、嵐が強大化する時代には、サンゴ礁がもぎ取られることもあるだろう。ある予測では、地球上のサンゴ礁の90%がわずか数年という短期間のうちに破壊されると言われている。

外洋も酸化に弱い。食物連鎖の土台になっているプランクトンの多くは、炭酸カルシウムの殻を持つ。海洋酸性化が進めば、それらのプランクトンの繁殖力は損なわれるだろう。その結果、魚が食物連鎖の下から上までことごとく打撃を受ける。カキやムール貝の水揚げ量は減り始めるだろう。2050年代には、残っていた漁業や養殖業に終焉の兆しが現れる可能性がある。5億人以上が生活に直接的な影響を蒙り、人類を養ってきた手近な蛋白質源が、わたしたちの食卓から消え始めるだろう。

## 2080年代——食料生産の危機とパンデミックの発生

2080年代には、世界の陸上での食料生産が危機的状況に達している恐れがある[8]。世界の中で比較的気温が低く、富裕な地域では、集約農業によって1世紀にわたって肥料の過剰投与

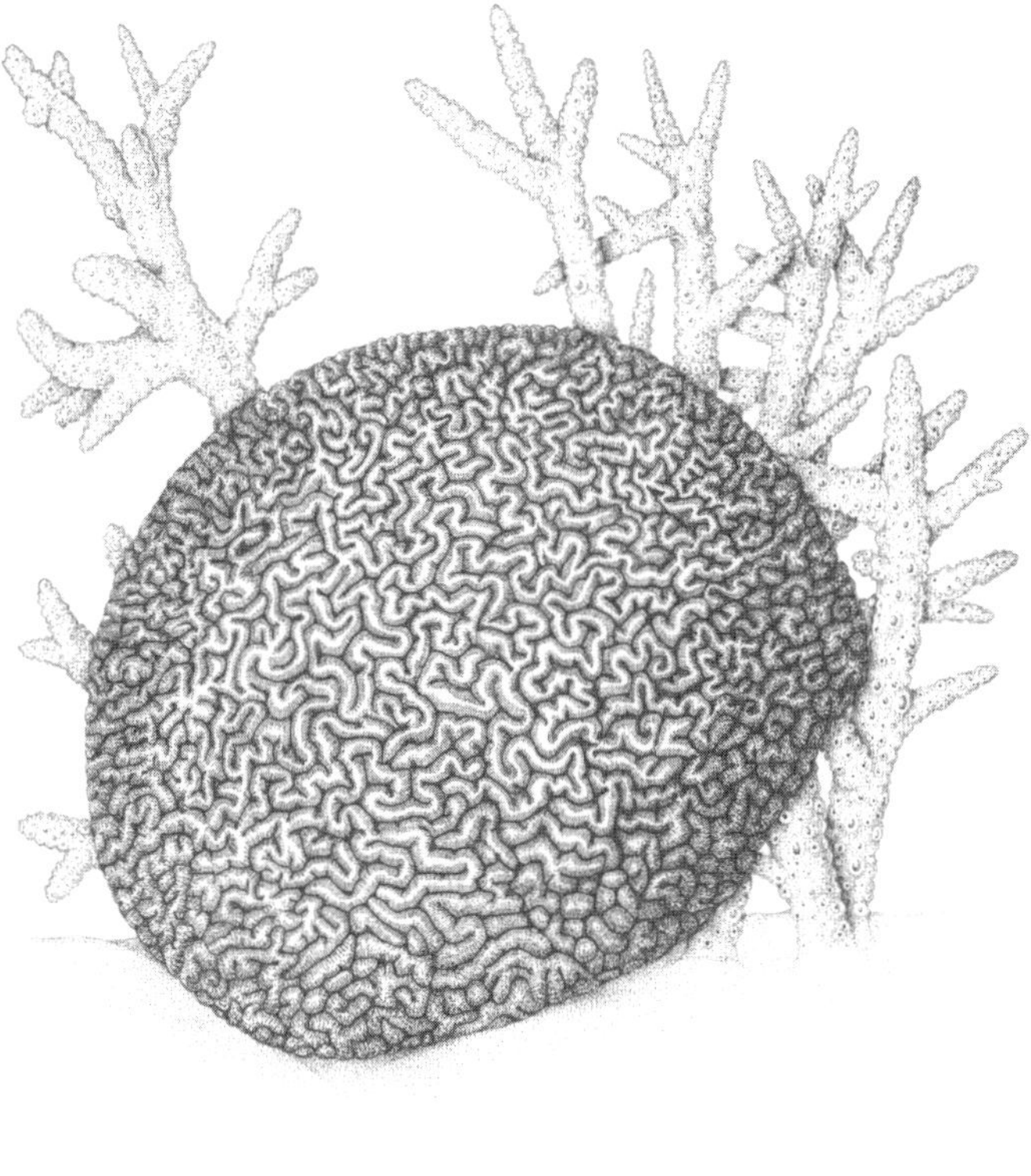

が続けられた結果、土壌が痩せ切って、生命力を失い、重要な作物が育ちにくくなるだろう。いっぽう気温が高く、貧しい地域も、地球温暖化でさらなる気温の上昇や、モンスーンの変化や、嵐や、旱魃がもたらされることによって、やはり不作に見舞われるだろう。世界じゅうで、表土喪失により何百万トンという土が川に流れ込み、下流域の村落や都市に洪水を引き起こす恐れもある。

もし現状のペースで農薬の使用や、生息環境の破壊や、ミツバチなどの花粉媒介者の病気の広がりが続けば、2080年代には、世界の作物の4分の3が昆虫種の減少の影響を受けるだろう。花粉をせっせと運んでくれる昆虫がいなくなれば、ナッツや、果実や、野菜や、油糧種子の収穫はおぼつかなくなる可能性がある。[9]

どこかの段階で、また別のパンデミックが発生して、状況がさらに悪化することも考えられる。新しいウイルスの増大と地球環境の破壊とのあいだに関係があることを、わたしたちはつい最近、理解し始めたばかりだ。人類の脅威になりうる推定170万種のウイルスが哺乳類や鳥類の個体群の中に潜んでいる。[10]森林伐採や、農地の拡大や、野生生物の違法取り引きによって自然を分断すればするほど、パンデミックは発生しやすくなる。

## 2100年代——強制的な移住と6回めの大量絶滅

22世紀は世界的な人道危機とともに幕を開けるかもしれない。すなわち史上最大の強制的な移住だ。

沿岸都市は21世紀中に90センチ上昇すると予測されていた海面の上昇に実際に直面しているだろう。じわじわと進んだグリーンランドと南極の氷床の融解と、海水温の上昇に伴って密かに起こっていた海の膨張が原因だ[11]。その頃にはすでに50年にわたって、500の沿岸都市で10億人以上が高潮と闘っている。しかし2100年には港が破壊されたり、内陸まで浸水被害が及んだりするほど、海面が上昇している可能性がある[12]。ロッテルダムや、ホーチミンや、マイアミをはじめ、数多くの都市が水を防ぎ切れなくなり、以後、保険にも入れない居住不可能な場所と化す。立ち退きを求められた住民は、内陸部への移動を強いられることになるだろう。

しかしもっと大きな問題がある。もしすべてが予測どおりであれば、地球の気温は2100年には4℃上昇しているだろう。その場合、人類の4分の1以上が平均気温29℃以上の地域、つまり今のサハラ砂漠並みの暑さが毎日続く地域に住むことになる[13]。そのような地域では農業は不可能だろう。したがって、農村の人たちはもっと住むのに適した場所へ移住せざるを得なくなる。その数は10億人にも及ぶ。気候がまだ比較的温和な地域には、人々が殺到するだろう。必然的に、国境は閉鎖され、世界各地で衝突が起こるだろう。その背後では、6回めの大量絶滅が回避不可能になっている。

## わたしたちがしなくてはならないこと

きょう生まれた人の一生のあいだに、人類は地球に引き返せない道を歩ませて、不可逆の変化を招き、わたしたちの楽園だった完新世の安全と安定を失うことになると、現在、予測されている。そのような未来に待っているのは、人類の文明の土台をなしている生物界の崩壊にほかならない。

誰もそんなことが起こるのは望んでいない。そんな未来になったら誰もが困るだろう。しかし、これだけたくさんのことがおかしくなっている状況で、わたしたちはどうすればいいのか。

地球のシステムを研究している科学者たちの仕事によってその答えは示されている。じつはそれはいたって単純なことだ。それはこれまでずっとわたしたちのすぐそばにあった。地球は密閉されたシャーレだとしても、わたしたちはそこにわたしたちだけで暮らしているわけではないのだ。わたしたちは地球を生物界と共有している。生物界は人知の及ばないほど精巧にできた命を支えるシステムだ。それは何十億年にもわたって築かれてきたシステムであり、食べ物の供給を刷新して維持し、排出物を吸収して再利用し、ダメージを和らげて調和を保つ働きをしている。地球の安定がぐらつき始めたちょうどそのとき、生物多様性の低下も起こっていたのは、偶然ではない。2つはつながっている。地球の安定を取り戻すためには、これまで自分たちの手で破壊してきた生物多様性を回復させればいい。それ以外に、わたしたちがみずから招いたこの危機を脱する方法はない。わたしたちがこれからしなくてはならないのは世界の「再野生化」なのだ。

# 第3部

# 未来へのビジョン
## ——世界を再野生化する方法

## 持続可能な未来へのコンパス

どうすれば自然の回復を促進し、地球の安定を取り戻せるのか。これに関しては、もっと自然にあふれ、安定した別の未来への道を模索する人々のあいだで一致している意見が1つある。それは新しい哲学を指針にすべきであるということ、あるいはもっと正確に言うなら古い哲学への回帰を指針にすべきであるということだ。

完新世が始まったときには、まだ農業は発明されておらず、全世界に数百万人程度いた人類は、狩猟採集生活を営んでいた。それは持続可能な生活であり、自然界との調和の上に成り立っているものだった。当時の人々にはほかに選択肢がなかった。

農業が始まると、選択肢が増え、わたしたちと自然との関係が変わった。わたしたちは自然界を手なずけるべきもの、征服し利用すべきものと考えるようになった。自然に対するこの新しい態度によって、わたしたちがとてつもなく多くのものを得たことは間違いない。しかし、長年のあいだに、わたしたちは調和を崩してしまった。自然の一部だったのがすっかり自然から離脱してしまった。

それらの長い年月を経て、わたしたちは今、もう一度、自然の一部に戻ることを迫られている。持続可能な生き方がまた唯一の選択肢になった。しかし現在の人類は何十億人もいる。狩猟採集生活に戻ることは不可能だろうし、そもそも戻りたいとも思わないだろう。わたしたちは新しい持続可能な生活の仕方を見出す必要がある。つまり現代の世界に自然との調和を取り戻させる生活の仕方だ。そうすることで初めて、人類が引き起こした生物多様性の喪失を、生物多様性の増大へと転じさせられる。それによって初めて、世界の再野生化が可能になり、地球の安定を回復させられる。

わたしたちはすでに、この持続可能な未来へと向かうためのコンパスを手に入れている。地球の限界モデルは、わたしたちが正しい道をまっすぐ進めるようにするために考案されたものだ。それによれば、わたしたちは温室効果ガスの排出に歯止めをかけることで、気候変動をただちに抑制するとともに、できる限り逆転させなくてはならない。肥料の過剰投与をやめなくてはならない。農地や、プランテーションや、開発用地への森林の土地利用の変化を抑制し、逆転させなくてはならない。また地球の限界モデルはそのほかに、オゾン層や、淡水の利用や、化学物質汚染や、大気汚染や、海洋酸性化についても、注意深く監視しなくてはならないと告げている。

これらのことをすべて実行すれば、生物多様性の喪失はしだいに止まり、やがて増大に転じ始めるだろう。言い換えるなら、自然界の回復につながるかどうかを判断の基準にして、どう行動するかを決める限り、道を間違えることはないということだ。そのようにするのは自然のためばかりではなく、地球の安定は自然のおかげで保たれているのだから、自分たちのためでもある。

しかしこのコンパスには重要な要素が1つ欠けている。最新の調査によると、生物界への人間活動の影響のおよそ50％は、世界で最も裕福な16％の人々によってもたらされているという。[1] それらの最富裕層の生活の仕方は、明らかに持続可能ではない。持続可能な未来への道筋を描くときには、この問題にも対処する必要がある。わたしたちは地球の限りある資源を使い果たさない生き方をめざすだけでなく、その資源をできるだけ公平に分かち合うことも考えなくてはならない。

この課題を明確にするため、地球の限界モデルに内側の輪をつけ加えたのが、オックスフォード大学の経済学者ケイト・ラワースだ。新しい内側の輪には、人間らしい生活を送るために最低限必要なことが記されている。良質な住居、医療、浄水、安全な食べ物、エネルギーへのアクセス、質の高い教育、所得、政治的発言力、正義だ。したがってこれは2組の限界が備わったコンパスになっている。外側の輪は環境的な上限であり、それを超えると、地球の安定と安全が保てない。内側の輪は社会的な土台であり、公正な社会の実現のためには、地球上のす

## ドーナツ・モデル

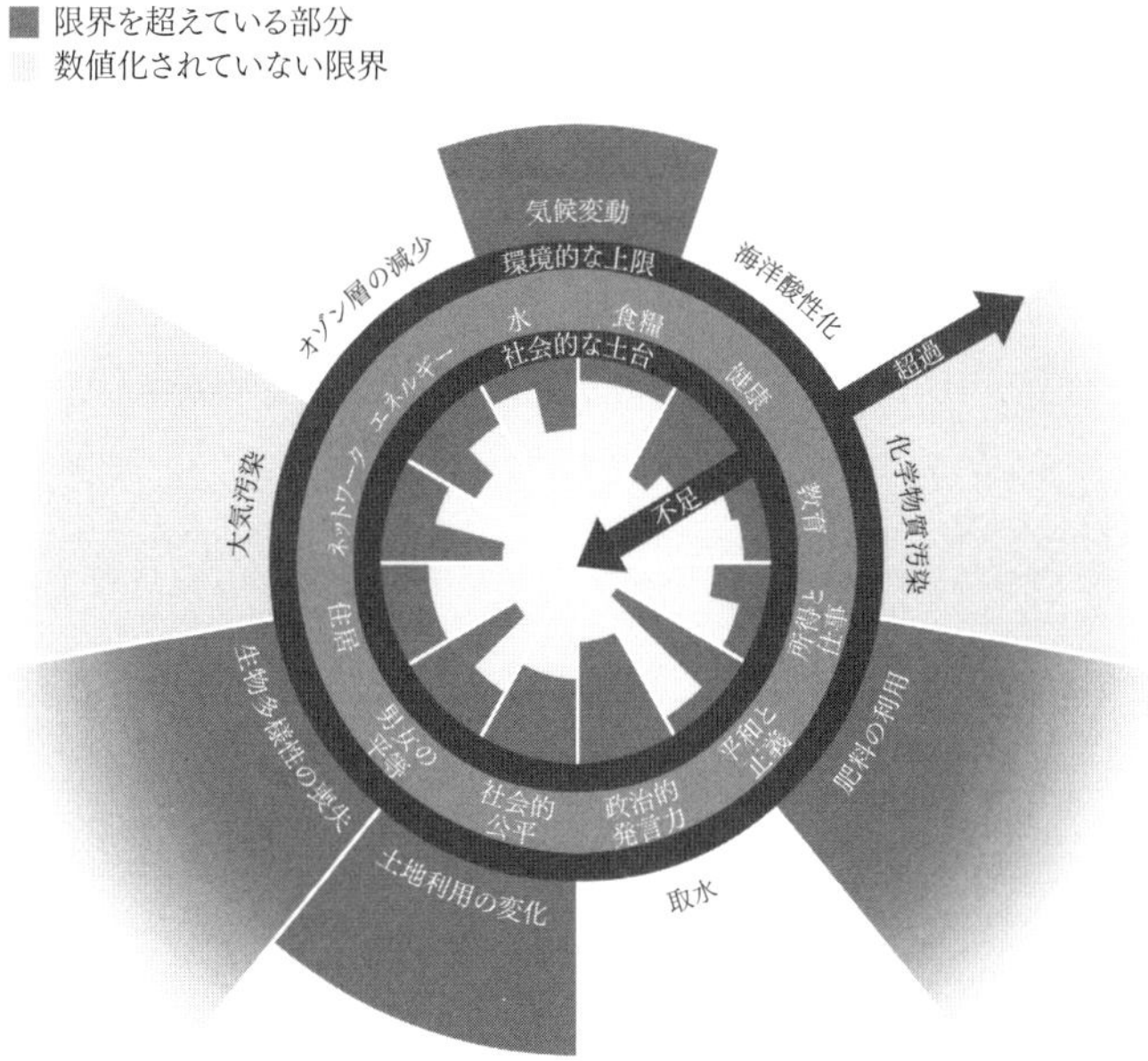

限界を超えている部分
数値化されていない限界
気候変動
環境的な上限
海洋酸性化
オゾン層の減少
超過
水
食糧
社会的な土台
健康
エネルギー
化学物質汚染
大気汚染
ネットワーク
不足
教育
住居
所得と仕事
生物多様性の喪失
肥料の利用
男女の平等
平和と正義
社会的公平
政治的発言力
土地利用の変化
取水

べての人をその上に引き上げられるよう努めなくてはならない。「ドーナツ・モデル」と名づけられたこのモデルは、すべての人に安全で公正な未来をもたらすという魅惑的なビジョンを提示している。[2]

「あらゆるものに持続可能性を」がこれからの人類が掲げるべき理念であり、ドーナツ・モデルがわたしたちが未来に向けて携えていくべきコンパスになる。ドーナツ・モデルに示されているわたしたちの課題はいたって単純だが、たやすくはない。それは世界じゅうの人々の生活を向上させ、なおかつ地球への影響を大幅に減らすという課題だ。この難問に取り組むうえで、わたしたちは何から知恵を得たらいいのか。それには生物界そのものに目を向ければいい。そこにすべての答えがある。

# 成長を超えて

わたしたちが最初に自然から学ぶべきは、成長に関することだ。わたしたちは世界経済の「永続的な成長」を求めてきた結果、今のような苦境に陥った。しかし有限の世界では、いかなるものも永遠には増え続けられない。

生物界の構成物はすべて、個体も、個体群も、生息環境すらも、一定の期間成長するが、やがて成熟する。成熟後に、繁栄が可能になる。繁栄のためには、必ずしも大きくなる必要はない。個々の木も、アリのコロニーも、サンゴ礁の集まりも、北極全体の生態系も、首尾よく成熟したとき、長期にわたって存続できる。あるところまで成長すれば、環境を最大限に利用できるようになる。それは新たに獲得した地位のなせるわざだが、あくまで持続可能な形でなされる。どの場合も、急成長を遂げる対数期から始まり、ピークを経て、定常期へと移行する。生物界との相互作用しだいでは、その安定した定常期がいつまでも続くことがある。

だからと言って、定常期の自然界に変化がないわけではない。アマゾンの密林は何千万年も前からある。[3] その間、今とおおよそ同じ範囲を密な林冠で覆って、地球上で屈指の好環境で繁栄を続けてきた。アマゾンに降り注ぐ日光や雨の量、土壌の栄養レベルも、やはりずっとほとんど変わっていない。それでもその生物のコミュニティー内の種は様変わりしている。

スポーツのリーグで各チームの順位が入れ替わるように、あるいは株式市場で株価が変動するように、どの1年を取ってみても、そこには必ず勝者と敗者がいる。勢力を伸ばす個体群がつねにあって、ある場所に進出してはほかの種を追いやり、自分たちの数を増やしている。ある木が倒れた場所は、別の木によって占領される。新しく登場する種もあれば、姿を消す種もある。新しく登場した種の中には、ほかの種の隆盛を後押しするような新機軸をもたらすものもいる。例えば、コウモリの新種は、夜に開花する植物の花粉の運び手になるかもしれない。逆に言えば、生物種の数が減れば、それだけ森林に棲む生き物たちの隆盛のチャンスも減るということだ。

アマゾンの熱帯雨林の生物のコミュニティーはたえず調節や反応や改良を繰り返すことで、何千万年ものあいだ、もとからある資源だけを使って、一度も途切れることなく繁栄を続けてきた。アマゾンは地球上で最も生物多様性が豊かな場所であり、生命の営みが最も大きな成功を収めている場所だが、成長を必要としていない。いつまでも存続できるだけの十分な成熟に達しているからだ。

現在の人類には、そのような定常期の成熟をめざそうとする意志は感じられない。経済学者たちが口を揃えて説明するように、過去70年にわたり、あらゆる社会的、経済的、政治的な機関が至上目標として掲げてきたのは、国内総生産（GDP）という大雑把な基準で計測される国ごとの右肩上がりの成長だ。社会の団結にも、事業の見通しにも、政治家の公約にも、GDPのたえざる上昇が求められる。「大加速（グレート・アクセラレーション）」はこの目標の固定化の産物であり、生物界の「大衰退（グレート・ディクライン）」はその結果だ。なぜなら、限りのある惑星で限りのない成長を成し遂げるのは、どこか別の惑星から補充でもしない限り、不可能だからだ。

現代の奇跡に思えたものの実態は、収奪だった。わたしの「目撃証言」の最後に列挙した衝撃的なデータに示されているように、わたしたちが使っているものはすべて、生物界から直接取ってきたものだ。しかも生物界に与えるダメージを無視して、わたしたちはそうしてきた。食用のニワトリの飼料にする大豆を栽培するため、森林を切り開くとき、生物種が失われることは考慮されない。水が入ったペットボトルを買っては捨てるとき、海洋生態系への影響は考慮されない。建築に使うコンクリートを製造するとき、温室効果ガスの排出は考慮されない。

これではわたしたちが地球に加えるダメージが知らないあいだにどんどん積み重なっていたのは当然だろう。

経済学の中にも、この問題を解決しようとしている新しい分野がある。持続可能な社会の構築に重点を置く環境経済学と呼ばれる分野だ。環境経済学は、経済のシステムを変革することで、世界じゅうの市場を利益（profit）だけでなく、人（people）と地球（planet）のためにもなるものに変えようとめざしている。それらは「3P」と呼ばれる。環境経済学の多くの研究者が大きな期待を寄せるのは、「グリーン成長」つまり環境に悪影響を及ぼさないタイプの成長だ。グリーン成長は、エネルギー効率の高い製品を開発するとか、環境負荷の大きい有害な人間活動を、環境負荷が少ないか、まったくないクリーンな人間活動へ転換するとか、環境負荷が少ないデジタル世界（再生可能エネルギーで電力をまかなえば）の成長を促進するとかいう方法によって引き出しうる。

グリーン成長の支持者たちが指摘するように、歴史を振り返れば、人類の可能性を大きく切り開くイノベーションの波は繰り返し起こっている。最初は、18世紀に水力の登場があった。水力で機械を動かせるようになり、生産性が飛躍的に高まった。次に、化石燃料と蒸気動力が導入され、製造業に産業革命が起こっただけでなく、人や物を世界じゅうに迅速に運べる鉄道や海運、のちには航空が広まった。その後も3つの波が続いた。電気通信をもたらした20世紀初頭の電化と、西洋の消費ブームを牽引した1950年代の宇宙時代と、インターネットを普及させ、家庭に数多くのスマート機器をあふれさせたデジタル革命だ。これらの波によって、世界は根底から変わり、経済は活況を呈した。

そして今、「サステナビリティ（持続可能性）革命」という第6の革命が到来しようとしていると、環境経済学の研究者の多くは期待している。その新しい秩序では、イノベーターや起業家たちが地球環境への負荷を減らす物やサービスを考え出すことで、財を成すだろう。

言うまでもなく、わたしたちはすでにその先駆けを目にしている。省エネの照明も、安価な太陽光発電も、本物の肉の味がする植物肉も、持続可能な投資もそうだ。政治家やビジネスリーダーたちには、「大衰退」の規模と緊急性と向き合って、地球環境を破壊する産業への補助をやめ、ただちに、少なくともしばらくは成長を続けられる妥当な選択肢として、持続可能性のほうへ舵を切ることが望まれている。

しかし最終的には、グリーン成長もやはり成長だ。人類は果たして成長から成熟の段階へと進み、定常期に入ることができるのだろうか。イノベーションの第6の波のあとにはアマゾンのようになれるのだろうか。長期にわたって、同じ大きさのまま、持続可能な形で繁栄と洗練と向上を続けられるようになるのだろうか。

人類がやがて成長への依存を克服して、GDP至上主義を脱却し、3Pのすべてが含まれた新しい持続可能な成功の基準に従うようになるという未来を構想している人々もいる。2006年にニュー・エコノミクス財団によって考案された「地球幸福度指数」は、まさにそのような未来の実現をめざすものだ。地球幸福度指数は、一国のエコロジカル・フットプリントと、国民の幸福に関わる要素（寿命や、満足感や、平等）から算出される。この指標を使って世界各国に順位をつけると、ＧＤＰの順位とはまったく違う結果になる。２０１６年のランキングでトップに立ったのは、コスタリカとメキシコだった。両国とも幸福度の平均スコアで米国と英国を上回り、エコロジカル・フットプリントもごくわずかだった。

確かに地球幸福度指数は完璧ではない。合計点による順位づけなので、ノルウェーのように、フットプリントが大きくても、幸福度のスコアが高ければ、上位にランクされることがある。またバングラデシュのように、幸福度は低いが、フットプリントが小さいおかげで、上位にランクされる国もある。それでも地球幸福度指数やそれに似た指数が数多くの国々で、ＧＤＰに代わる指標として真剣に検討され、人類の一致協力した取り組みについての議論を広く喚起している。[4]

２０１９年、ニュージーランドは経済的成功の主要指標としてＧＤＰを用いるのを正式にやめるという大胆な一歩を踏み出した。既存の代替指標は導入せず、代わりに急を要する国民的な関心事にもとづいて、独自の指標を作った。それは3Ｐ（利益、人、地球）をすべて踏まえたものだった。このたった1つの行動によって、ジャシンダ・アーダーン首相は国の優先事項を単なる成長から、多くの人が現在抱いている懸念や希望により即したものへと切り替えた。

この方針の変更があったおかげで、２０２０年2月に国内で新型コロナウイルスの感染が見つかったときも、思い切った決断を下しやすかったのかもしれない。ほかの国々が経済への影響を心配して、躊躇する中、彼女はまだ死者がひとりも出ていない段階で、全国的なロックダウンを実施した。おかげで初夏には新規感染がほぼなくなり、制限のない活動が可能になった。

ニュージーランドはわたしたちに手本を見せてくれたのかもしれない。ほかの国々での調査に示されているように、世界じゅうの人々が今、自国の政府に対し、利益のみの追求よりも、人と地球を大事にするよう強く求めている。これは世界じゅうの有権者や消費者が持続可能な世界、ひいてはケイト・ラワースが言う成長にこだわらない世界を望んでいることの表れだろう。どの国もこれからはいかに繁栄を遂げるかに加え、いかに自国の人々を大切にするか、いかに地球を大切にするかが問われるようになる。

これまで持続可能ではない成長の恩恵を受けてきた富裕国は、国民の高い生活水準を維持しながら、フットプリントを大幅に減らすという難題に取り組まなくてはならない。貧困国の課題は富裕国とは大きく異なる。それは先例のない仕方で国民の生活水準を大幅に引き上げると同時に、持続可能なフットプリントを達成するという課題だ。このような観点から見るなら、今やあらゆる国が発展途上国だと言える。すべての国が今後、グリーン成長に切り替えて、サステナビリティ革命に加わらなくてはならないだろう。

人類はまだ成熟に達していない。空いた土地をわがものにしようと狙っているアマゾンの若木のように、わたしたちは成長に全力を注いでいる。しかし環境経済学によれば、もう成長への情熱は抑えて、資源をもっと公平に分配し、林冠を支える成熟した木として生きる準備を始めなくてはならないという。そうすることで初めて、急速な成長によって獲得した日光を浴びることができ、ひいては長く続く有意義な生活を楽しめるようになる。

# クリーンエネルギーへの切り替え

生物界の土台を支えているのは、なんといっても太陽のエネルギーだ。地球上の植物（植物プランクトンと藻類を含む）は、毎日、３兆キロワット時の太陽エネルギーを得ている。これは人類が使っているエネルギーのおよそ20倍に相当する。植物はそのエネルギーを太陽光から直接集めて、炭素でできた有機分子内に取り込んでいる。その炭素は大気中の二酸化炭素を吸収することで得られ、有機分子を作る過程で、体内の酸素が廃棄物として大気中へ排出される。このプロセスが光合成と呼ばれる。

光合成は植物のあらゆる生命活動のエネルギー源になっている。茎や幹の成長から、子孫を残すための種子や、種子を運んでくれる動物を引き寄せるための果実や、きびしい時期に備えて栄養を蓄えておく貯蔵器官の形成まで、すべての生命活動に光合成で得たエネルギーが使われている。

人間を含めて動物は、そのような植物の活動から分け前をもらうことに多大な時間を費やしている。わたしたちはある種の植物の果実を齧ったり、甘い汁を吸ったり、あるいは葉や根のやわらかい部分を食べたりしている。また草食動物の肉を食べることで、太陽のエネルギーを間接的に得ることもある。菌類や細菌類のように、動物の死骸をゆっくりと液化させて、そこに含まれる栄養豊かな有機分子を摂取することで生きている生物もいる。そして動物なり、植物なり、藻類なり、植物プランクトンなり、菌類なり、細菌類なりがその有機分子を分解して、中のエネルギーを取り出したあとには、副産物として二酸化炭素が大気中に出され、それがまた植物の光合成に使われる。

このような太陽エネルギーの取得・分配や、大気中と生物界間の炭素循環が35億年にわたって、地球の生命活動の中心をなしてきた。そこでは広大な森林や、草木が生えた湿地や、微生物マットや、植物プランクトンのブルームが生物界にエネルギーを供給する役割を果たしていた。それらの植物が死ぬと、その体内に含まれていた炭素は分解作用を経て、大気中に戻された。

ただし、そのサイクルが妨げられて、分解が起こらないときがあった。地球上に「木」と呼べるほどの大きさの植物が初めて登場したのは、約3億年前だ。その植物の姿は、その小ぶりの子孫に当たる今の木生シダやトクサに似ていた。最初の森林は、陸地の大半を覆っていた淡水の湿地にできた。そこでは死んだ木は倒れて、湿地に埋もれ、水中に積み重なっていき、しだいに川によって運ばれてきた堆積物の下敷きになった。酸素が届かないせいで、ふつうの腐敗分解の作用が起こらなかったことから、炭素を豊富に含んだ植物の組織は、泥や砂の下に埋まった状態で、圧縮されて、やがて石炭と化した。その後、さらに何億年もかけて、古代の海や淀んだ湖で栄えたプランクトンや藻類の一部が地中深くに埋もれ、こちらは石油や可燃性のガスになった。

200年前、わたしたちがエネルギーに富んだそれらの遺骸を掘り出して、燃やし始めたことから、そこに含まれていた大量の炭素が二酸化炭素として大気中に戻され始めた。わたしたちはこの化石燃料を見事に使いこなせるようになり、今では部屋を暖めるのにも、乗り物を動かすのにも、工場で鋼鉄を溶かすのにも利用している。何十億年も昔に地上に降り注いだ日光のエネルギーが、現代の「大加速」の動力になったわけだ。しかしその過程で、何百万年分もの炭素がわずか数十年で大気中に戻された。

これは大惨事を招く可能性を秘めている。二酸化炭素自体は化学反応を起こしにくい無害な気体だ。現にわたしたちは呼吸のたび、二酸化炭素を吐き出している。しかし温室効果ガスなので、大気中に出ると、毛布のように地表付近の熱を閉じ込める働きをする。そのような気体の濃度が高まれば、それだけ地球は温暖化しやすくなる。また水に解けるので、海洋酸性化を進めもする。実際、わたしたちは大気中の二酸化炭素の量を増やしすぎることで、史上最大の大量絶滅を引き起こしたペルム紀末期の変化を今、再現しつつある。しかも変化のスピードはそのときよりもはるかに速い。

　わたしたちは突然、自分たちが窮地に立たされていることに気づかされた。もはやエネルギー源を替える以外に選択肢はない。しかも、そうするための時間的な猶予はほとんどない。

　２０１９年、世界のエネルギーの供給源の85％を占めたのは、化石燃料だった。[5] 低炭素だが設置場所が限られるうえ、環境にダメージが大きい水力発電は７％弱、やはり低炭素だがリスクが大きい原子力発電は４％強を占めた。わたしたちが使うべきエネルギーであり、無尽蔵にあるものでもある自然エネルギー（太陽光、風力、波力、潮力、地熱）が占める比率は、いまだにわずか４％に留まる。

　化石燃料からクリーンエネルギーへの切り替えにかけられる時間はもう10年も残されていない。世界の気温は産業革命前に比べ、すでに１℃上昇してしまっている。その上昇を１・５℃に抑えるには、二酸化炭素の累積排出量（カーボン・バジェット）に上限がある。現在の排出のペースでは、10年以内にその上限に達してしまうだろう。[6]

　思慮を欠いた化石燃料の使い方をしてきたせいで、わたしたちは過去に例のないほど困難で、なおかつ急を要する課題に直面している。求められている迅速さで再生可能エネルギーへの移行を成し遂げられたら、今の世代は後世の人たちからいつまでも感謝され続けるだろう。わたしたちはこの問題を正しく理解した最初の世代であるとともに、その解決を図れる最後の世代でもあるからだ。

カーボンフリーのエネルギーを動力源にする世界への道のりは平坦ではないだろう。特に今後数十年は、わたしたち全員にとってそれはきわめて険しいものになるに違いない。しかしこの問題に取り組む人たちの多くは、可能だと信じている。そもそも人類には類いまれな問題解決の能力が備わっているではないか。わたしたちは歴史を通じて、社会の大変革につながるような困難を何度も乗り越えてきた。今回も乗り越えられるはずだ。

最初の関門、すなわち実用的な代替案という関門は、すでにほぼ突破した。エネルギー部門は今や、太陽光や、風力や、水や、地球内部の熱を使って発電する方法をかなりよく理解している。しかしまだ大きな問題がいくつかある。1つは電力の貯蔵の問題だ。電池の技術はまだ十分なレベルに達していない。また再生可能エネルギーの効率もまだ低く、輸送や冷暖房に必要な電力を完全に供給することはできない。

そのような場面では、問題を回避できる応急策で、不足分を補うことが必要になる。その応急策には、プロジェクト・ドローダウン[7]のポール・ホーケンが言う「悔いを残す恐れのある解決策」が用いられることもある。おそらく現在の不足分を補う応急策になるのは、原子力や、大型の水力発電や、天然ガスの延長利用だろう。天然ガスは化石燃料だが、石炭や石油よりは炭素の排出量がはるかに少ない。これらの手段にはどれもいくらかの「悔いを残す恐れ」が伴う。農作物をエネルギー源として使う「バイオエネルギー」という手もあるが、それにもやはり「悔いを残す恐れ」はつきまとう。その農作物の生産のためには広大な土地が必要になるからだ。

輸送の燃料に関しては、水素燃料電池や、植物や藻類の油から作る持続可能なバイオ燃料が、電気自動車と肩を並べ、道路や鉄道や海運の動力源の恒久的な一部になるかもしれない。大半の専門家が述べているように、いちばん厄介なのは航空だ。ハイブリッドのほか、電気飛行機や水素飛行機の開発が現在進められているが、それらが実用化されるまでのあいだ、航空会社は航空券の代金にカーボン・オフセットのための料金を上乗せすることを計画している。

わたしたちはこれらの応急策をできる限り一時的なものにするため、最大限の努力をしなくてはならない。カーボン・バジェットを使い切るまでに残されている時間はほとんどない。化石燃料の利用を続ければ、必然的に世界じゅうでさらに急激な排出量の削減を強いられることになる。

第2の関門は値段だが、これも突破されつつある。太陽光・風力発電の普及により、すでに再生可能エネルギーのキロワット当たりの発電コストは、石炭・水力・原子力より安く、天然ガス・石油のレベルに近づいている。加えて、ほかのエネルギーに比べ、再生可能エネルギーは管理にかかる費用がだんぜん少ない。再生可能エネルギーが中心になれば、30年間で、エネルギー部門の運営費は何兆ドルも節約できると試算されている。値段が下がるだけで、化石燃料から再生可能エネルギーへの切り替えは一気に進むだろうと考える評論家も多い。しかしそのような評論家たちには理解されていないと思しき第3の関門がある。

おそらくわたしたちの前に立ちはだかる最大の障壁は、既得権益と呼ばれる無形の力だろう。現行の体制に投資している人々にとって、変化は脅威になる。現在、世界の10大企業の6社が石油・天然ガス会社によって占められている。そのうちの3社は国有企業であり、10大企業の残りの4社のうちの2社は運輸関連の企業だ。

しかし化石燃料に依存しているのはそれらの企業だけではない。ほとんどすべての大企業や政府が電力や流通のために主に化石燃料を使っている。重工業では熱を得たり、製造工程で部品を冷ましたりするのにたいてい化石燃料が使われている。大手の銀行や年金基金の大半は、わたしたちの貯蓄の当の目的である未来を危険にさらす化石燃料に、莫大な投資をしている。これほどまでに強固に築き上げられた現在の社会のシステムに変化を起こすには、入念に検討された措置をいくつも講じなければならないだろう。

エネルギー移行に関する分析では、今後、銀行や年金基金や政府が、多額の損失に見舞われるのを避けるため、しだいに石炭・石油株を手放すだろうと予測されている。政治家に対しては、現在、化石燃料部門に与えられている何千億ドルという補助金を、再生可能エネルギーの推進に振り向けるよう求める声が高まるだろう。地方自治体はすでに、自家発電を行う家庭から余剰電力を魅力的な値段で買い取ったり、地域による再生可能エネルギーのマイクログリッドの構築を支援したりする試みを始めている。

現在はまだ目立った動きになっていない潮流が、今後、化石燃料からの脱却を急加速させる可能性もある。自動運転車の登場が運輸部門に革命を起こすと予測するアナリストもいる。[8] その予測によれば、あとわずか数年のうちに、都市の住民は車をもはや所有せず、必要なときに車の利用を申し込むだけになるだろうという。車はすべて電気自動車に切り替わり、クリーンエネルギーを使って充電されるようになる。さらには、自動車メーカーがそれらの車を直接管理するようになり、自動車産業全体に効率と信頼性の向上が促されるかもしれない。

化石燃料への依存を終わらせるには、炭素の排出に世界全体で高い料金を課すこと、つまり、ありとあらゆる炭素の排出に「炭素税」というペナルティを課すのが、何より強力なインセンティブになるというのが、今では一般的な考え方になっている。

スウェーデンでは1990年代にそのような税制を導入して、多くの産業部門で大々的な化石燃料離れが起こった。ストックホルム・レジリエンス・センター[9]によれば、二酸化炭素の排出量1トン当たり50ドルという値段から始めて、値段を上げるだけで、クリーンエネルギーへの速やかな移行を促すことができ、化石燃料にいまだに依存する分野に効率化を急がすことができ、優秀な頭脳に排出量を削減する新しい技術や手法の開発をしようという気を起こさせることができるという。そうする際には貧困層が守られるよう配慮しなくてはいけないが、十分に実現可能であることは研究によって示されている。[10] 要するに、炭素税を導入すれば、サステナビリティ革命を段違いに加速させられるということだ。

カーボンフリーのクリーンな新しい世界が実現すれば、世界じゅうの人々が再生可能エネルギーをエネルギー源とする社会の恩恵を感じ始めるだろう。世の中は今よりずっと静かになる。空気や水もきれいになる。やがて、どうしてあれほど長いあいだ、大気汚染のせいで早死にする人が毎年、何百万人もいる状況に耐えていられたのか、ふしぎに思い始めるに違いない。

豊かな森林と草原が残っている貧困国は、化石燃料に頼っている国にカーボン・クレジット（排出枠）を売ることができる。そうすればそれで得た利益を元手にして、自国の開発計画に再生可能エネルギーと低炭素社会の建設を組み込める。いずれそれらの国々のスマートでクリーンな都市は、地球上で最も住み心地のいい場所になり、各世代の最も傑出した者たちを引きつけずにおかなくなるだろう。

こんなことは夢物語だと思うかもしれない。しかし、そうとは言い切れない。少なくとも3つの国――アイスランド、アルバニア、パラグアイ――がすでに化石燃料を使わない発電で国内のすべての電力をまかなっている。国内の発電に占める化石燃料（石炭・石油・天然ガス）発電の割合が10％未満の国も8つある。そのうち5つはアフリカの国、3つは南米の国だ。エネルギー移行とサステナビリティ革命は、発展の著しい途上国にとって、独自の道を切り開いて、西洋の多くの国々を一足飛びに追い越す絶好のチャンスになる。

サステナビリティ革命に大きく舵を切った国の1つにモロッコがある。21世紀を迎えたばかりのとき、モロッコはほぼすべてのエネルギーを輸入の石油と天然ガスに頼っていた。現在は、家庭で消費される電力の40％を再生可能エネルギーの発電でまかなっており、世界最大の太陽光発電施設も擁する。有望でなおかつ比較的安価なエネルギー貯蔵技術である溶融塩技術でも、世界をリードしている。溶融塩技術は、ふつうの塩を使って太陽熱を長時間蓄えることで、夜間にも太陽エネルギーを利用できるようにする技術だ。サハラ砂漠の北の縁《へり》に位置し、南ヨーロッパと直接ケーブルでつながっているモロッコは、いつの日か、太陽エネルギーの純輸出国になるかもしれない。化石燃料に恵まれなかった国にとって、太陽エネルギーは豊かな世界への切符だ。

歴史に示されているとおり、正しい動機づけがあれば、大々的な変化が短期間で起こりうる。今、化石燃料にそのような変化が起こり始めている兆候が見られる。世界の石炭の消費量は2013年にピークに達した。石炭産業は現在、投資家の撤退に見舞われ、危機的な状況にある。「石油ピーク（ピークオイル）」まではあと数年だと予測されている。新型コロナウイルス感染症の流行に伴う原油価格の急落の影響で、その時期はさらに早まるかもしれない。わたしたちはこれから奇跡を起こし、今世紀の半ばまでにクリーンエネルギーの世界への移行を遂げる可能性もある。

これに関しては希望を持てる要素がもう1つある。クリーンエネルギーへの置き換えが進むまでの、地球を救う応急策として、大気中に放出された二酸化炭素を人為的に捉えて、安全な場所に閉じ込めておく技術が開発されていることだ。その技術は「二酸化炭素の回収・貯留(CCS)」技術と呼ばれ、化石燃料の利用を段階的に減らしていくための時間を稼ぎたい政治家やビジネスリーダーから熱い視線を送られている。

CCSには、化石燃料発電の排気から二酸化炭素を取り除くフィルターや、大気中から直接二酸化炭素を吸い取るファンのタワーや、農作物の分解から出る温室効果ガスを回収するバイオエネルギーの発電所や、地下深部の岩石の中にポンプで二酸化炭素を送り込む施設がある。気候工学の研究者からは、もっと実験的なアイデアも出されている。バクテリアや藻類のブルームを利用するとか、海に鉄分を補給するとか、二酸化炭素を海底に送り込むとか、大気圏の上層で塵を使って太陽光を遮断をするとかいったアイデアだ。それらの中には理論上は有効なものもあるし、いくつかは大きな規模で使える可能性も秘めている。しかし現状ではまだ研究が足らず、予期せぬ悪影響をもたらす危険がある。

わたしたちのように気候変動だけでなく、生物多様性の喪失にも関心がある人間に言わせると、それらよりもはるかにいい炭素の回収方法がある。再野生化だ。再野生化すれば、大気中の二酸化炭素を大量に吸収して、広がった森林に閉じ込めることができる。同時に世界全体での排出量の削減を進めれば、この「自然に根ざした解決策」は究極の一挙両得をもたらすだろう。

炭素の貯留と生物多様性の回復を同時に実現できるからだ。

数多くの生息環境の研究で、生態系内の生物多様性が豊かなほど、二酸化炭素が生態系によって回収・貯留されやすいことがわかっている[11]。自然に根ざした炭素回収にこそ、政府も、資産運用者も、企業も投資するべきだ。すべてのオフセット（排出の埋め合わせ）がここに振り向けられるべきだ。再野生化の取り組みが世界じゅうから資金と支持を集めるなら、地球上のあらゆる生息環境にその多大な効果がもたらされ、気候変動と6回めの大量絶滅を食い止められるだろう。早いところではわずか数年で、その効果は現れうる。中でもいちばん目を見張るのは、地球上で最も広大な原生的な自然、すなわち海の回復によってもたらされる効果だろう。

# 海の再野生化

海は地球の表面積の3分の2を占める。しかもとてつもない深さがあり、地球上の生息可能な領域に占める割合はさらに大きい。したがって、わたしたちが世界の再野生化を推し進めるうえでも、海には特別な役割がある。海の回復を手伝うことで、わたしたちは同時に進めなくてはならない3つのことができる。炭素を回収することと、生物多様性を増大させることと、食料の供給を増やすことだ。その取り組みはまず、現在最も海にダメージを与えている産業、つまり漁業との連携から始まる。

漁業は世界で最も多くの自然の恵みを享受している営みだ。だとするなら、正しい仕方で行うなら、いつまでも続けられる。なぜなら、そこには互恵関係があるからだ。海の生息環境が健全になるほど、生物多様性に富むほど、魚の数は増え、ひいてはわたしたちが取って食べられる魚の数も増える。

では、なぜ、今はそうなっていないのか。わたしたちはある場所の魚や、ある種類の魚を取りすぎている。漁獲資源をむだにしすぎている。無謀な漁法で生態系を破壊している。そして何より大きなダメージをもたらしているのは、あらゆる場所で魚を取っていることだ。今や海にはどこにも隠れる場所が残されていない。海洋生物学者カラム・ロバーツ教授が述べているように、これらの問題の解決を図るには、すでに海洋科学で得られている知見にもとづいて、地球規模の対策を講じることが必要になる。

第1には、全世界の沿岸域に禁漁区のネットワークを築くことだ。現在、世界には海洋保護区（MPA）が1万7000箇所以上ある。しかしそれでも海の全面積に占める比率は7％以下にすぎず、多くの海洋保護区ではなんらかの漁が認められてもいる。[12] 魚の繁殖の特徴を考えるなら、いっさい魚を取ってはいけない海域を一定割合、世界の海に設けることが絶対に欠かせない。

禁漁区では魚が長く生き、大きく育つことができる。前述のように、魚は体の大きさに比例して、産める卵の数が増える。禁漁区で魚が増えれば、近隣の漁場でもその魚の流入で魚の個体数が回復する。熱帯の海から北極の海まで、厳格な海洋保護区では、このスピルオーバー

（漏出）効果が起こることが確かめられている。漁獲制限が導入されると、漁業者は当初は反発するが、数年以内にその恩恵を感じ始める。

現在、メキシコのバハ・カリフォルニア半島の先端には、カボ・プルモ海洋保護区がある。1990年代、この海域は乱獲でひどく荒らされていた。危機感を抱いた漁業者たちは、海洋学者の助言を受け入れて、沿岸域に7000ヘクタール以上の禁漁区を設けることにした。1995年に海洋保護区が開設されてから最初の数年間は、かつて経験したことのないほどの苦しさを味わったと、地元の人々は言う。漁師の一家は近隣の海域で得られるわずかな漁獲と、メキシコ政府から支給される食料引換券で糊口をしのがなくてはならなかった。海洋保護区では魚の群れが増えており、漁師たちはしばしば密猟の誘惑に駆られた。決意が揺らがなかったのは、ひとえに海洋科学者たちへの信頼があったからだ。

およそ10年め、サメがカボ・プルモに戻ってきた。老漁師たちには子どもの頃にサメを見た記憶があり、サメの出現は回復の兆しだとわかった。わずか15年で、禁漁区の海洋生物の数は400倍に増えた。それは一度も漁が行われたことがない岩礁域に匹敵する多さだった。魚の群れは近隣の海域へも広がり始めた。漁師たちは数十年ぶりの大漁に恵まれた。そのうえ地域に観光地としての魅力も備わり、ダイビングショップや、旅館や、レストランといった新しい収入源が生まれた。[13]

海洋保護区モデルが成果を挙げているのは、海の資本である魚種資源を食い尽くすというわたしたちがそもそも始めるべきでなかったことをやめるものだからだ。合法的な漁場に禁漁区があれば、わたしたちの取り分は「利息」に限られる。これはどんな投資家の目にも、賢明で持続可能な営みに映るだろう。禁漁区ではあらゆる魚の個体数が時間とともに増えるので、資本はどんどん大きくなり、利息はどんどん膨らむ。つまり網にかかる魚の数がどんどん増える。魚を取るのが簡単になれば、漁船によって消費される化石燃料の量も、混獲も減る。海が荒れているときにまで、無理をして漁に出る必要もなくなる。

しっかりと設計され、効果的に運営される海洋保護区は、海と漁業との新しい健全な関係への扉を開く。試算には、海の3分の1を禁漁区にすれば、魚種資源を回復させられ、長期的に魚を取り続けられることが示されている。

海洋保護区に最も適しているのは、岩礁域やサンゴ礁域、海底山脈、ケルプの森、マングローブ林、藻場、塩性湿地といった場所、つまり海洋生物の繁殖や成長にいちばん都合がいい場所だ。それらの海域は、海の生き物が栄える場所として手をつけずにおき、漁は隣接する海域で行う。そのような場所は、じつは、わたしたちのもう1つの大きな目標である炭素回収の実現にも大いに役立つ。現在、減少した状態でありながら、塩性湿地と、マングローブ林と、藻場だけで、輸送部門における二酸化炭素の総排出量の約半分に相当する量の二酸化炭素を大気中から取り除いている。[14] 禁漁区として保護されて、それらの生息環境が回復すれば、さらに多くの二酸化炭素が大気中から回収されるようになるだろう。

魚を取る方法も重要だ。今の魚の取り方は、往々にして、あまりに無分別すぎる。もっと分別のあるものにする必要がある。例えば、目的とする魚種以外の種はトロール網にかかっても網から逃げられるようにするとか、マグロなどの大型捕食魚の漁は一本釣りにするとか、海底の貝類をごっそり取り去る破壊的な桁網漁《けたあみ》は禁ずるとかしなくてはいけない。漁獲資源の状態をつねに監視し、漁獲量が持続可能な範囲（最大持続生産量）を超えないよう漁獲を制限する必要もある。[15] 漁港から食卓まで魚を追跡できる「ブロックチェーン」の仕組みも導入するべきだ。そうすればわたしたちは自分たちが食べている魚がどこから来たのかを知ることができ、持続可能な漁業に報いる選択ができるようになる。

いちばん肝心なのは、目先の利益を得ることではなく、いつまでも魚を取り続けられるようにすることだ。天然の水産物はみんなのものなのだから、世界のすべての人がその恩恵に与れるようにすべきであることを忘れてはならない。貧しい国々を中心に、主な蛋白質源を魚に頼っている人が世界には10億人いる。そのような人々が海の恵みを奪われるようなことがあってはならない。

取れるだけ取るのではなく、必要なだけ取るというわたしたちがめざす理想は、熱帯太平洋の島国パラオの人々のあいだでは昔から当たり前になっている。４０００年前から、世界のほかの国々と何百キロもの深い海で隔てられた群島に暮らすパラオの人々にとって、魚種資源の持続可能性はつねに最大の関心事だった。長老が代々、岩礁域での漁を注意深く監視しており、魚種資源が1種でも減り始めたらただちに対策を講じる。そのために古代から使われているのは、岩礁域を即座に禁漁区にする「ブル」(「禁止」の意)と呼ばれるルールだ。近隣の海でその岩礁域の魚がふたたびたくさん見られるようになるまで、禁漁は解除されない。

この伝統が現在、国の漁業政策の中心に据えられている。パラオの大統領を4期務めたトミー・レメンゲサウ・ジュニアは自分のことを、休暇で政府の仕事をしている漁師と呼んだ。レメンゲサウ・ジュニアが大統領に就任してから、パラオでは人口が急増し、観光客が訪れ始め、日本やフィリピンやインドネシアの商業漁船が自国の海域に入ってくるようになった。水産資源の需要が過度に膨らむと、大統領はパラオの長老たちが代々してきたのと同じことをした。漁の停止だ。一部の岩礁域では漁が完全に禁じられ、別の岩礁域では、影響の少ない漁だけが許された。同時に、絶滅の恐れのある魚種が安全に繁殖できるよう、季節的な禁漁措置も設けた。

しかし何よりすばらしかったのは、外洋の海域に関する決定だった。レメンゲサウ・ジュニアは、魚の輸出を続けることがパラオの義務だと考えるべきではないと宣言した。それよりも国民と来訪者が食べる分だけを計画的に取るべきだ、と。言い換えるなら、持続可能な漁業に立ち返ろうということだ。レメンゲサウ・ジュニアは漁業ライセンスの供与数を大幅に減らし、パラオの領海の5分の4(フランスの国土に相当)を禁漁区に指定した。残りの5分の1の海域では、限られた数の漁船が、パラオの国民と外国からの観光客に必要な分だけのマグロを取る漁を続けている。その結果、スピルオーバー効果で、隣国の海域に魚種資源のたえざる補充という恩恵まで施せるようになった。

今はそのような知恵を世界の海の3分の2（地球の全表面積の半分に相当）に行き渡らせる絶好のチャンスだ。国際水域（公海）に所有者はいない。共有の場所である国際水域では、すべての国が自由に好きなだけ魚を取ることを許されている。そこに問題がある。国によっては何十億ドルという補助金を出して、自国の漁業者に公海で漁をさせている。魚が減りすぎ、採算が取れないような海域であっても、そのような補助金があるせいで、漁が続けられている。これは海の資源を枯渇させるのに公金が投じられているのと変わらない。最大の下手人は中国、EU、米国、韓国、日本であり、そのような行為をやめられる余裕がある国ばかりだ。そこに希望がある。国連と世界貿易機関で今、公海の新しいルール作りが進められている最中だ[16]。両機関とも、事態を悪化させるだけの漁業の補助金を廃止させ、外洋での乱獲に歯止めをかけることに本腰を入れている。

しかし、わたしたちにはそれ以上のことができる。国際水域をすべて禁漁区にすれば、外洋は人間の飽くなき追求によって荒らされた海から、沿岸域に魚をもたらす豊かな海に変わるだろう。生物多様性が回復することで、わたしたちの炭素回収の努力を助けてくれる海にも戻るだろう。公海は野生生物の一大宝庫になり、誰も所有していない場所が、誰もが大事にする場所になる。

ただし、そうするだけで十分だった段階はもう通り越してしまっている。魚の個体群の90％はすでに限度以上に取られているか、限度いっぱいまで取られている。そのことは過去数年の世界の漁獲量を見てみれば、一目瞭然だ。わたしたちは1990年代半ば、ちょうど《ブルー・プラネット》を制作していた頃、この面でもピーク――「漁獲ピーク」――に達した。以後、世界の漁獲量が8400万トンを超えたことはない。

それでも、周知のとおり、世界の人口増加と平均所得の上昇に伴って、魚の需要はその後も伸び続けている。どこからわたしたちはその足りない分の魚を得ているのか。養殖だ。1990年代半ば以降、養殖業は急成長している。1995年、養殖の生産量は1100万トンだった。現在はそれが8200万トンにまで増えている。[17] つまり漁獲量とほぼ同じだけの魚が養殖で生産されているということだ。

将来的には、養殖によって天然の水産物の需要を減らせる可能性はあるが、これまでのところ、養殖の産業的な手法には数々の持続可能ではない行為が伴っている。養殖場が作られた海岸では、そのためにマングローブ林や藻場など、沿岸域の生息環境が取り除かれた。養殖の水産物（主に魚、エビ、貝）はしばしば過密な環境で育てられており、病気にかかりやすいので、養殖では抗生物質や消毒剤を使わざるを得ない。したがって病気自体とともに、抗生物質や消毒剤が近隣の海域に広まる恐れがある。

サケなどの捕食魚の養殖の場合、人間が海から取ってきた何十万トンという量の魚が餌とし

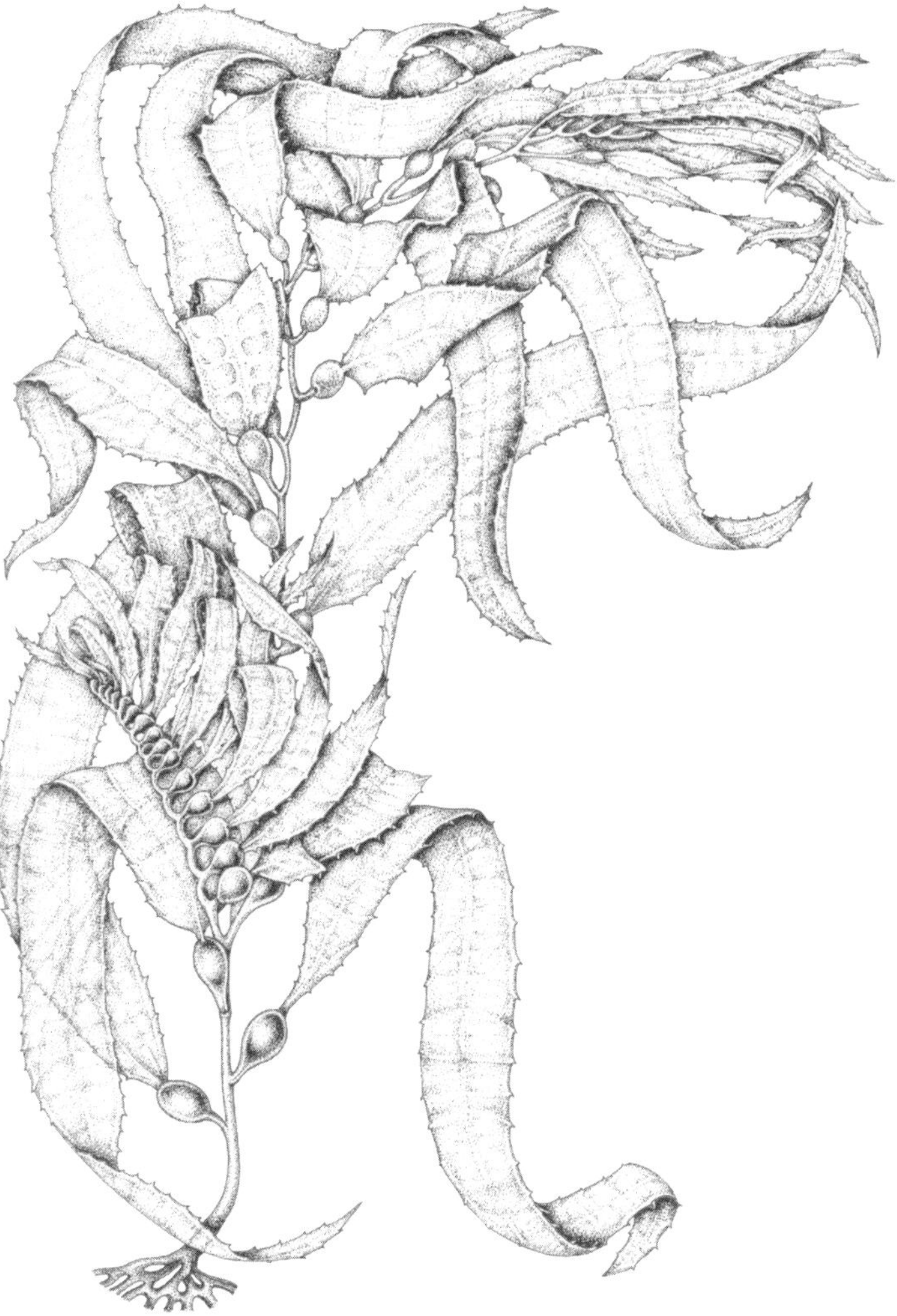

て与えられる。これは天然の魚の個体群から食べ物を奪う行為であり、乱獲と同じぐらい海に悪影響を及ぼす。養殖場からは大量の排水も周囲の水域に流れ出る。2007年、中国のエビの養殖場から出た排水の量は430億トンにのぼった。そのせいで富栄養化した沿岸域では、藻類ブルームが発生して、海水中の酸素が枯渇した。外来種が養殖場から逃げ出して、周辺水域の脆弱な生態系を壊すということも頻発している。

ただし、最近は、養殖業者たちがそういう問題に対処しようとしていることも、つけ加えておかなくてはいけない[18]。その取り組みを見れば、養殖業が持続可能なものになる日が近いと感じられる。そのような養殖業者の養殖場は、悪影響が薄まるよう海に大きく広げられるとともに、強い海流の恩恵を受けられるよう岸から何キロも遠く離れた所に設けられている。病気を減らすため、魚の放養密度が低く抑えられたり、水中に抗生物質を撒くのを避けるため、ワクチンの接種が行われたりもしている。

捕食魚の餌に使われているのは、養殖の水産物から取れた油や、沿岸都市の食品廃棄物を用いて何十億匹ものハエを育てている「都市農業」で生産された昆虫の蛋白質だ。その養殖場は複数の層からなっており、魚を入れた網いけすの下には、魚の排泄物で育つナマコやウニ（どちらもアジアでは一般的な食材）のかごがぶら下げられている。網いけすの周りには、二枚貝や海藻がびっしりついた綱が張られており、それらの二枚貝や海藻はすべて網いけすから流れてくる魚の餌の余りや排泄物を栄養源にしている。

世界の海岸沿いの地域社会には、このような持続可能な手法に切り替えることで、地域の環境を壊すことなく、海から得られる食料と収入を増やせるというすばらしい可能性がある。近い将来、みなさんの近くの海岸でも、沖合に海の養殖場が作られるかもしれない。

さらにそこには「海の林業」もおそらく加わるだろう。ケルプは地球上で最も成長が速い藻類であり、わずか1日で、茶色い幅広の葉（葉状体）を50センチも伸ばすことができる。栄養の豊富な冷たい沿岸域に育ち、驚くほど生物多様性に富んだ広大な森林を形成する。その森の中を、高々と聳えるケルプの分厚い葉をかき分けながら泳ぐのは、一生忘れられない体験だ。ゴーグルがケルプの葉でぬぐわれるたび、目の前に思いもよらぬ光景が現れる。

ケルプの森はウニに荒らされやすく、ウニを食べるラッコなどの動物がいなくなった場所では、森全体がウニによって食い尽くされてしまっている。しかしわたしたちが手を貸せば、森は回復することができ、回復すれば、人間にも大きな恩恵をもたらす。ケルプは水面に向かって垂直に成長するにつれ、無脊椎動物や魚の住み処になるだけでなく、二酸化炭素を大量に吸収する。研究では、乾燥したケルプに含まれる二酸化炭素の量はケルプ1トン当たりおよそ1トンであることが示されている。わたしたちは持続可能な仕方で、成長したケルプを収穫し、新しいバイオエネルギー資源として使える。陸上のバイオエネルギー作物と違って、ケルプの森を回復させても、人間や陸上の植物の場所が奪われることはない。

ここにケルプの分解時に出る二酸化炭素を回収できるＣＣＳ技術が組み合わさるとき、わたしたちは新しい領域に入り始める。そこでは、発電で大気中の二酸化炭素を取り除けるようになる。[19]あるいは、ケルプは人間のための食料として収穫することも、家畜や魚の餌に使うことも、バイオケミカルの原料にすることもできる。大規模な「海の林業」の実現可能性について、現在、数多くの研究グループが調べているので、まもなく、それが可能かどうかが判明するだろう。

今の段階ではっきりとわかっているのは、海の乱用をやめて、海の健全さを保てるような仕方でその資源を活用し始めれば、海は人間の力だけではとうてい不可能な速さと規模で、生物多様性の回復と地球の安定化を助けてくれるだろうということだ。その実現のためには、分別のある漁業と、しっかりと設計された海洋保護区網と、沿岸の海域を持続可能な形で管理したいと願う地元社会への支援と、世界じゅうのマングローブ林や藻場や塩性湿地やケルプの森の回復が鍵を握っている。

# 土地の利用面積を減らす

人類が完新世を通じて、野生動物の生息環境を農地に変えてきたことが、生物多様性の喪失の最大の原因だ。その農地化の大半は過去数百年のあいだに起こっている。１７００年には農地は全世界でわずか10億ヘクタールほどだった。それが今では50億ヘクタール弱が農地と化した。北米と南米とオーストラリアを合わせた面積に相当する広さだ。[20]これは地球上の生息可能な陸地の半分以上が人間のためだけに使われていることを意味する。３００年で40億ヘクタールを農地にするため、わたしたちは森林を切り開き、湿地を干拓し、草原を囲ってきた。

この生息地の破壊は生物多様性の喪失の第１の原因になっているだけでなく、温室効果ガスの排出の大きな原因にもなっている。世界の陸上植物と土壌には、大気中の2〜3倍の炭素が含まれる。[21] 木を切り倒し、森林を燃やし、湿地から水を奪い、草原を耕すことで、わたしたちはその蓄えられていた膨大な炭素の3分の2をすでに大気中に解き放ってしまった。自然破壊のつけはとてつもなく大きかったということだ。

そのような犠牲を払ってできあがった近代的な工業化した農地は、自然の代わりにはならない。広大な農地を見渡していると、自然の風景を眺めているような気がするが、じつはそれは自然とは似て非なるものだ。農地と自然の生息環境とでは、機能の仕方がまったく違う。自然の生息環境は自立している。生態系内では植物どうしが協力して、水や炭素や窒素やリンやカリウムなど、生存に必要なあらゆるものを手に入れ、蓄えている。そのようなコミュニティーは自給自足しなくてはならず、みずから未来に備えなくてはならない。時間の経過とともに、二酸化炭素が閉じ込められ、構造が複雑になり、生物多様性が増し、土壌が有機物で豊かになる。

近代的な工業化した農地はそれとはまったく異なる。人間の手で支えられているのが農地だ。農地では、わたしたちが必要だと考えるものがすべて与えられ、不要だと考えるものがすべて取り除かれる。土壌が痩せていれば、わたしたちは肥料をやる。土壌の中の微生物に有害なほど、肥料を撒くこともある。水が足りなければ、別の場所から水を引いてくる。それによって自然のシステムに使われていた水は減る。余計な植物が生えてくれれば、除草剤で枯らす。

作物の成長を妨げる虫がつけば、殺虫剤で殺す。作物の生育の季節が終わると、いったんすべての植物を根こそぎにして、土を掘り返し、大気と日光にさらし、貯蔵されていた炭素を枯渇させる。家畜は何年も同じ牧草地に放しておく。その結果、草は栄養の蓄えをすべて失って、完全に食い尽くされてしまう。農地は人間の手で不足が補われる土地だ。したがってそれ自身で未来への備えを築く必要はない。工業化した農地は、たいていの場合、時間とともに炭素を排出し、構造が単純化し、土壌の生物多様性と有機物を失っていく[22]。

美しい眺めに思えることがあったとしても、丘に広がる畑や、ぶどう園や、果樹園は、もともとそこにあった本来の自然と比べたら、不毛の環境だ。そのような産業向けの農地の拡大を止めないことには、生物多様性の喪失を食い止めることも、地球の持続可能な営みを取り戻すことも望みようがない。

実際、自然が回復を始めるためには、それだけでは足りず、人間が利用している土地の割合を積極的に減らして、自然の側にそれらの土地を返却していく必要がある。そんなことが可能だろうか。人間も食べていかなくてはならない。人口が増え、生活水準が上がるにつれ、これからもわたしたちが必要とする食料の量は増加の一途をたどるだろう。あとで述べるように、大量の食品ロスの問題に対処することが役に立つのは間違いないが、たとえそうした場合でも、食品産業の専門家の計算によると、今後40年間で必要になる食料の量は、完新世に生産された農作物の総量を上回るという。ここから重大な問いが浮かび上がってくる。どうすれば農地を減らし、なおかつ食料の生産量を増やせるのか。

これに関しては、オランダの農家がこの問いに答えるのにいちばんふさわしい経験をしており、わたしたちの希望の光ともなる。オランダは世界有数の人口密度の高い国だ。そのあまり広くない国土を覆う農地の面積は、農地を拡大する余地がもうない多くの工業国よりも狭い。そこでオランダの農家は単位面積当たりの生産量を最大限に増やすことに心血を注いできた。環境面で払った犠牲も少なくなかったが、それらの農家の過去80年の歩みを振り返るとき、世界じゅうの農業が進むべき道が見えてくる。

1950年代のオランダでは、第二次世界大戦のトラウマから、自給自足したい、自分たちが食べるものを育てられるだけの土地を持ちたいという願望が人々のあいだで強まった。彼らの農場はつつましく、数頭の家畜を飼い、いくらかの穀物といくらかの野菜を栽培しているというのがふつうだった。1970年代に入ると、農場を受け継いだ次の世代が農業の工業化に舵を切り、その頃普及し始めた肥料や、温室や、機械や、殺虫剤や、除草剤といったものを導入した。どの農場も1、2種類の作物を専門に手がけるようになり、どの農家も生産量を最大限に増やすのを得意とするようになった。ただしその生産は、重油と化学物質に支えられたものだった。ここまでの歩みは、世界各地の農業と変わらない。生物多様性や水質をはじめ、数々の環境指標がことごとく著しく悪化した。

しかしその先が違う。2000年頃、子の世代が農場を引き継いだ。子の世代には野心的な新しい目標に挑もうとする者たちがいた。生産量の増大を続けながら、同時に環境への負荷も下げるという目標だ。若きオーナーたちは再生可能エネルギーを使って温室の室内を温めるため、風力タービンを建てたり、農場の地下に地熱井を掘ったりした。水分や熱がむだに失われるのを防ぐため、温室内の温度を最適に保てる自動温度調節器も導入した。温室の屋根で雨水を集めるということも始めた。廃棄や投与を最小限に抑えるため、作物は土壌に植えず、養分に富んだ水が張られた溝に植えた。殺虫剤は使わず、代わりに計画的に捕食者を放ち、農場で育てたミツバチの群れが安全に作物の花粉を運べるようにした。屋外の畑での栽培では、土壌の健全さを保つため、1平方メートル単位で水と養分の量を計測するという試みを始めた。収穫後に残った茎や枯れ葉から自家製の肥料（とそのパッケージまで）も作れるようになった。

これらの革新的で持続可能な農場は、今や生産量の多さと環境負荷の小ささの両方で、世界でトップクラスの食料生産者になっている。オランダや世界のほかの国々のすべての農家がこのオランダの先駆的な農家の姿勢を見習えば、農地を減らしてなおかつ食料の生産量を増やすことが実現できるだろう。[23]

しかし、そのようなハイテク農法の導入には相当の費用がかかる。世界の農地の大半を管轄下に置いている大規模な食料生産者にとっては十分検討に値する手法だとしても、小規模な農家や自作農には手が出ない。そのような農家には、やはり生産量を増やすと同時に環境負荷を減らせることが実証されている、効果的なローテク農法がある。リジェネラティブ（環境再生

型）農業と呼ばれるものがそうで、炭素の豊富な有機物を表土に撒くことによって、痩せた土壌を蘇らせる安価な農法だ。[24]

リジェネラティブ農業では、土を耕さない。土を掘り起こすと、表土が大気にさらされ、炭素が放出されてしまうからだ。土壌の生物多様性を減少させ、土壌の健全な機能を損ねる肥料の利用も、段階的に減らしていく。収穫後は、土壌を日光や雨水から守るため、多様な「被覆作物」を植える。被覆作物には、地中にその根を通じて、栄養を戻す役割もある。どの畑でも、同じ作物の栽培は続けない。土壌の栄養が枯渇しないよう、土壌から得る栄養が異なる作物を、最大10種類、一定のサイクルで交代に育てる。この周期的に栽培作物を交代する輪作には、害虫がつくのを防ぐ効果もあり、したがって農薬の利用を減らせるという利点もある。同じ畑で同時に2種類以上の別の作物を栽培することもあり、これには土壌を痩せさせずに肥えさせる効果がある。これらの手法はやがて痩せた土地を蘇らせ、農薬の使用をいっさい不要にし、大気中の二酸化炭素を回収して地中へ戻すことにつながるだろう。

現在、世界には貧困国を中心に、土が痩せてしまったせいで放棄されている農地がおよそ5億ヘクタールある。リジェネラティブ農業を用いれば、それらの農地に生産力を取り戻させると同時に、推定２００億トンの炭素を回収することができる。

畑だけでなく、すでにほかの目的のために使われている場所で食料を生産しようとする動きもある。都市部で作物を商業栽培する都市農業がそうだ。現在、都市農業では、屋上や、空き家や、地下や、オフィスの窓台や、ビルの外壁や、更地に置かれたコンテナや、駐車場の上（車の日除けにもなっている）といった場所で、作物が栽培されている。土や水や養分の使用を最小限に抑えながら、できる限り生育環境をよくするため、自動温度調節器や、省エネの照明や、水耕法が用いられることが多い。また、むだになっていた空間を有効活用できるのに加え、消費者のすぐそばで生産できるので、輸送によって出る二酸化炭素の量も大幅に削減できる。

そのような手法を大規模に展開しているのが、垂直農法と呼ばれる農法だ。垂直農法では、建物の高さを利用して、いくつもの異なる種類の作物（たいていはサラダに使われる野菜）が垂直に並べられ、再生可能エネルギーを使ったＬＥＤの光と、管から供給される養液で育てられる。垂直農法の導入には高額の費用がかかるが、複数のメリットがある。まず、単位面積当たりの生産量を最大20倍にまで高められる。天候の影響も受けない。密閉された環境で作物を育てられるので、除草剤や殺虫剤も使わずにすむ。すでに一部で事業化もされており、サラダ用の葉野菜など、少量生産・高価値の食品が近隣都市の顧客に提供されている。

これらの農業のイノベーションを生かせば、間違いなく世界じゅうで作物の収穫を増やし、なおかつ二酸化炭素の排出量を減らせるだろう。しかし、それだけでは、たとえそこに食品ロス対策が加わったとしても、根本的な問題の解決にならない。90億から１１０億という数の人間が地球上で生きていくには、わたしたちの食事を変える必要がある。これからはどれぐらい食べるかよりも、何を食べるかがより重要になってくる。これもやはり自然の摂理で説明できる。

アフリカの大平原では、トムソンガゼルの群れがほとんど1日じゅう草を食べている。おいしい草を探すとか、噛みちぎるとか、中の栄養分を得るため、葉身の固い外縁を噛み砕くとかにエネルギーを費やしながら。食べるのは、地面より上に出ている葉身の部分に限られる。地面の下にある根茎や成長点はそのまま残される。さらに胃で草が消化されたり、繊維質の大半が消化されずに体内を通り抜けて、糞として排出されたりする過程でも、エネルギーは消費される。

ほかのすべての草食動物と同じように、ガゼルが植物を食べることで得られるエネルギーは、その植物が太陽から取り入れたエネルギーのすべてではなくその一部だ。そこには非効率さがある。つまり植物と草食動物のあいだにはエネルギーロスがある。だからウシもレイヨウも、1日の大半を食事に費やさなくてはならない。

食物連鎖の階層間のエネルギーロスは、草食動物と肉食動物のあいだでも生じる。肉食動物の中で、全速力で逃げるトムソンガゼルに追いつけるのは、チーターだけだ。チーターは1日の多くの時間を、そのチャンスを探して過ごす。いざ追いかけ始めても、たいていの場合は、獲物を取り逃がす。首尾よく捕まえることができても、ガゼルが草から取り入れたエネルギーのごく一部しか得られない。そのエネルギーの大半はすでにガゼルによって、草を求めて歩き

回ったり、群れのほかのメンバーとやり取りしたり、チーターに捕まらないようにしたりすることで費やされている。そのうえ、チーターはふつうガゼルの肉しか食べないから、骨や、腱や、皮や、毛に蓄えられたエネルギーはすべて捨てられることになる。

　食物連鎖の上の階層ほど、動物の個体数が少なくなる理由は、このエネルギーロスで説明がつく。セレンゲティには捕食動物１頭につき、１００頭以上の被食動物がいる。自然界のこの現実が意味するのは、大型肉食動物は多数派にはなれないということだ。

　わたしたち人類は草食動物でも肉食動物でもない。わたしたちは雑食動物であり、解剖学的に動物と植物のどちらをも消化できる体をしている。しかし世界各地で、人々が裕福になるにつれ、食事の量とバランスに変化が生じる傾向が見られる。裕福になった人々の肉の消費量は年々増えており、それが農地に対する持続不可能な需要の増大の要因になっている。

　わたしが若い頃、食品の値段はどちらかと言えば高かった。肉はたまに食べるごちそうだった。世界が裕福となるにつれ、肉が多くの家庭で日常的なメニューになったのは、かなり最近のことだ。同時に、食肉の生産が工業化され、肉の値段も下がった。ほかの消費活動の多くと同じように、肉食は世界に均一に広がっているわけではない。現在、米国では平均的な人で年間、１２０キロ以上の肉を食べている。ヨーロッパ諸国では、その量は60キロから80キロだ。平均的なケニア人は年間16キロの肉しか食べていない。宗教的な信条から菜食主義者が多いインドでは、１人当たりの肉の年間消費量は４キロを下回る。[25]

食卓にのぼる一片の肉を生産するのには、広大な土地が必要とされる。現在、世界の農地の80％近くが、食肉や乳製品の生産のために使われている。つまり世界の50億ヘクタールの農地のうちの40億ヘクタールがそのために使われているということだ。これは北米と南米大陸を合わせた面積に相当する。驚くことに、その農地の大半には家畜の姿がない。そこでは大豆など、ウシやニワトリやブタの餌にするための作物が栽培されているからだ。しかもたいていの場合、家畜とは別の国でその餌となる作物は栽培されている。したがって、家畜を育てるのにどれだけ広大な土地が必要とされるかは見過ごされやすい。

富裕国の人々の中には、国産の肉を選んで食べる人もいるかもしれないが、その肉の生産のために使われている家畜の餌には、熱帯の国々で森林や草原を破壊して栽培されたものがおそらく含まれているだろう。いまだに農地の拡大が続いているのはそのような熱帯の国々においてであり、世界的に食肉の需要が伸びていることがその最たる原因になっている。

生産過程での環境負荷が最も大きい食肉は、牛肉だ。牛肉は食肉の消費量の約4分の1を占めており、わたしたちの摂取カロリーに占める割合はわずか2％であるにもかかわらず、農地の60％が牛肉の生産のために使われている。豚肉や鶏肉と比べ、牛肉は肉1キロを生産するのに15倍以上の土地の広さが必要になる。今、富裕国の人が食べているのと同じだけの量の牛肉を、全世界の人々が食べるということは、物理的に不可能なのだ。地球上にはそうするだけの土地がない。

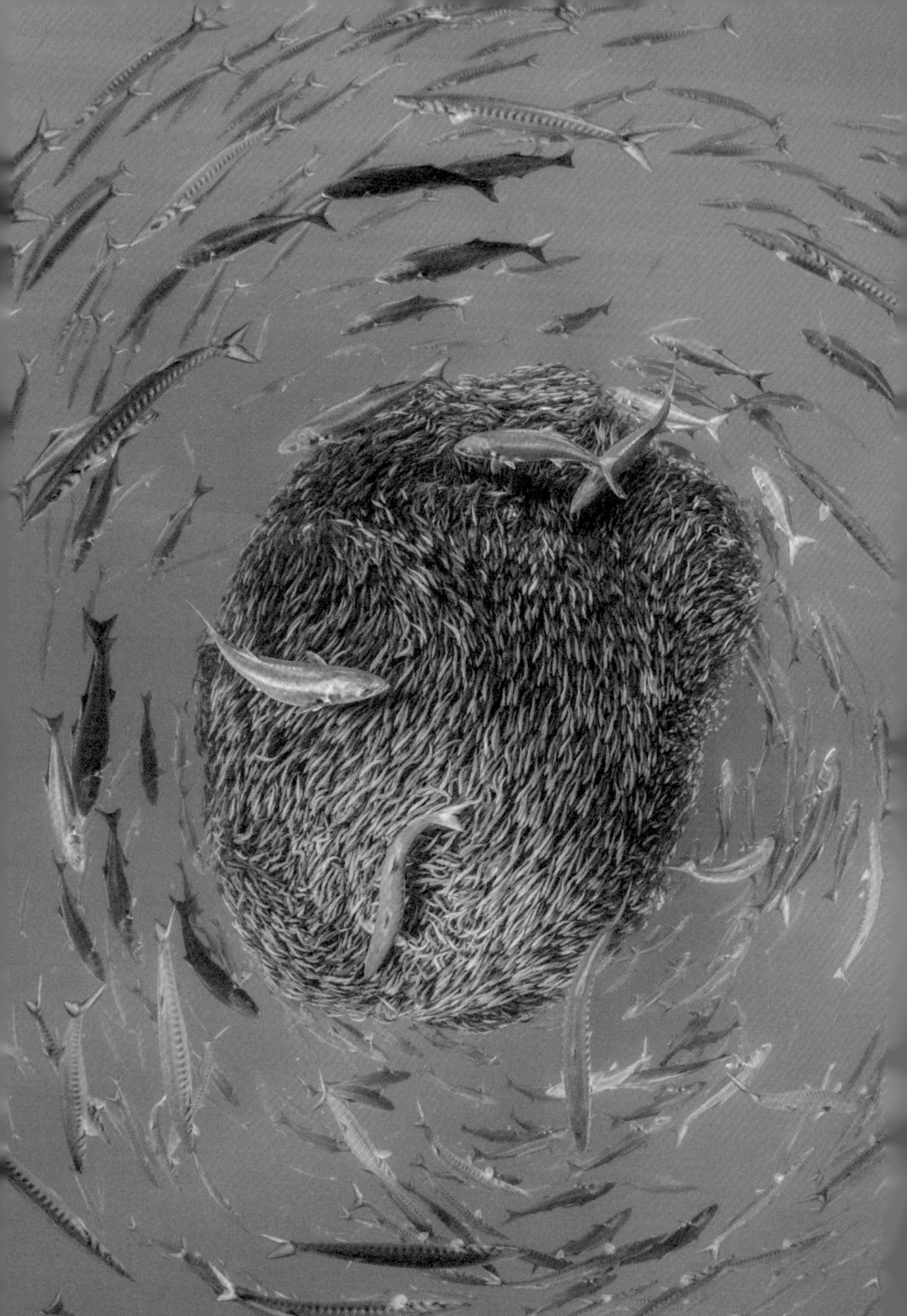

外洋は、大部分、広大な青い砂漠だ。それでも栄養分が表層に集まる場所では、プランクトンの大増殖によって、突如、生命活動が賑わいを見せる。ここではプランクトンに引き寄せられたサバの群れが、オニカマスやアミキリに追われ、ベイト・ボールを作っている。（© Jordi Chias/naturepl.com）

プラスチックは広範囲に汚染の問題をもたらしている。特に海では事態が深刻だ。これは汚染された海域でプラスチックを今にも飲み込もうとしているジンベイザメ。（© Rich Carey/Shutterstock）

北京市郊外の東小口地区で、ペットボトルのリサイクルのため、仕分け作業をする労働者。（© Fred Dufour/AFP/Getty）

太平洋に浮かぶ環礁、クリスマス島の浜辺に打ち上げられたプラスチックごみ。(© Gary Bell/Oceanwide/naturepl.com)

太平洋のクレ環礁沖で漁具に絡まったハワイモンクアザラシ。このアザラシはこのあとカメラマンに助けられ、脱出できたが、それほど幸運ではないアザラシもいる。(© Michael Pitts/naturepl.com)

海の生息環境の中で特に生産性が高いケルプの森で、ラッコは要《かなめ》の役割を果たしている。ケルプを食べるウニがラッコに捕食されるおかげで、海藻の森は豊かに育つからだ。生物多様性が増せば、炭素を回収・貯留する自然界の能力が高まることがこの一例にも示されている。(© Bertie Gregory/naturepl.com)

野生のヨーロッパバイソンは20世紀初頭、狩猟によって絶滅した。しかし現在、多くの国で、飼育下の個体を再導入する取り組みが進んでおり、バイソンはヨーロッパの再野生化の象徴になりつつある。(© Wild Wonders of Europe/Unterhiner/naturepl.com)

サンゴ礁域を含むパラオの海域では、かつて魚が乱獲されていた。しかし持続可能な伝統的な漁の仕方にもとづき、思い切った政策を実施した結果、海の生物多様性が劇的に改善した。（© Pascal Kobeh/naturepl.com）

2019年4月、英国の先駆的な自然農場「ネップ・エステイト」で、コウノトリが巣の材料をくわえ、パートナーのもとに戻ってきたところ。英国でコウノトリの巣作りが確認されたのは、数百年ぶりだ。（© Nick Upton/naturepl.com）

ルワンダでマウンテンゴリラとともにいるダイアン・フォシー。彼女はマウンテンゴリラの苦境に対する世界の関心を高めた。《地球の生きものたち》でゴリラを撮影できたのは彼女のおかげだ。(© The Dian Fossey Gorilla Fund International)

米国、イエローストーン国立公園で尾根に立つハイイロオオカミ。1995年、同公園に再導入されたオオカミが生態系全体に大きな影響を及ぼした。これにより、生物多様性の豊かさのためには頂点捕食者が肝心であることが明らかになった。(© Sumio Harada/Minden/naturepl.com)

モロッコにある世界最大の集光型太陽光発電所、ワルザザート太陽光発電所。夜間も、溶融塩に蓄えたエネルギーを使って電力を供給できる。（© Xinhua/Alamy Live News）

筆者が子どもの頃によく来ていたレスターシャーの採石場で、共著者で監督のジョニー・ヒューズと、本書の刊行と合わせて公開される映画の脚本について話し合っているところ。（© Ilaira Mallalieu）

筆者は長年、WWFを支援している。これは隔年刊行のWWFの報告書「生きている地球レポート」の創刊イベントで、演壇に立ったところ。この報告書は生物多様性の喪失の現状について、最も正確な情報を教えてくれる。（© Stonehouse Photographic/WWF_UK）

どういう食事が公平で、健康的で、持続可能なものであるか、人間と地球の両方にとってよい食事とはどういうものであるのかについて、すでに数多くの研究が行われている。それらの研究で言われていることに共通するのは、わたしたちは今後、肉（特に赤身）を食べる量を減らし、植物中心の食事に切り替えなくてはならないということだ。[26]

植物中心の食事にすることで、農地が減り、温室効果ガスの排出量が減り、なおかつわたしたち自身が健康になれる。研究によれば、今、肉の摂取量を減らし始めれば、2050年までに心臓病や、肥満や、がんによる死亡が20％減って、世界全体で医療費を1兆ドル節約できるという。[27]

ただし、肉を食べることや家畜を育てることは、多くの文化や伝統的な社会生活の一部になっている。また、食肉の生産で生計を立てる人が世界にはおおぜいいるし、多くの地域では、今のところ、代わりになる生計の手段がない。現状から植物中心の食事への移行をどのように進めればいいのだろうか。

わたしの考えでは、これはわたしたちが今後数十年で成し遂げなくてはならない、2番めに大きい社会改革だ。わたしたちは生活から化石燃料を取り除くことに加え、肉や乳製品への依存も減らしていかなくてはならない。じつはそういう変化はすでに起こり始めている。最近の調査によると、英国人の3分の1が肉を食べるのをやめるか減らすかし、米国人の39％が植物性食品を意識的に多く食べようとしているという。[28]同じような傾向はほかの多くの国々でも見られる。

じつを言えば、わたし自身、数年前から、なんらかの決心をしてそうしたというわけではないのだが、しだいに肉を食べなくなってきている。高邁な志があるわけではないし、立派なことをしているつもりもないが、自分でも驚くぐらい、肉を食べないことは苦にならない。食品産業全体に、世の中のこの潮流に合わせようとする取り組みが広がっている。

ファーストフードチェーンやスーパーマーケットの最大手は今こぞって、代替蛋白質の開発を進めている。見た目も食感も味も本物の肉や乳製品のようだが、動物福祉や畜産の環境負荷といった問題と無縁なのが、代替蛋白質だ。今や植物由来のミルクや、クリームや、チキンや、ハンバーガーはだいぶありふれた食品になっている。中には本物とほとんど区別がつかないものや、必要な栄養素をすべて摂取できるものもある。原料としてよく使われるのは大豆だが、わたしたちはそのような食品を選んで食べるとき、肉食動物よりも草食動物の立場に近づくことになる。したがって大豆の餌で育てられた動物の肉を食べるより、はるかに環境に与えるダメージは少なくなる。

いずれ、「クリーンミート（培養肉）」も店頭に並ぶだろう。クリーンミートは、動物の細胞を体外で組織培養することで得られる食品だ。家畜を育てる必要がないので、生産の効率がすこぶる高い。培養される細胞は、必須栄養素を含んだ培養液で育てられる。生産に水やエネルギーや場所をあまり必要とせず、動物福祉の問題もはるかに少ない。

さらにその先には、バイオテクノロジーの進歩によって、微生物からあらゆる蛋白質や有機食品を思いどおりに作れるようになる可能性もある。空気や水を加えるだけで生産できるものや、再生可能エネルギーをエネルギー源にするものも生まれるかもしれない。

現在はまだ技術的に成熟していないので、生産にかなりのコストがかかる代替蛋白質がほとんどだ。食用に適しているかどうかが確かめられていないものや、加工度が高すぎると批判されるものもある。しかし牛肉や鶏肉や乳製品や魚類と同程度にまで生産コストが下がれば、すぐさま食料の供給網に劇的な変化が起こるだろうとも言われている。[29] 牛ひき肉や、ソーセージの肉や、ニワトリの胸肉や、乳製品など、代替が利きやすい食品の大半は、数十年以内に代替蛋白質の食品に切り替わるかもしれない。

最高級のステーキや、上質のチーズや、燻製の珍味など、もっと特別な食品は従来の方法で生産され続けられるかもしれないが、その場合でも、今よりはるかにわずかな土地で、はるかに少ないエネルギーと水しか使わずに、温室効果ガスもはるかに少なく抑えて、人類の食料を供給できるようになるだろう。代替蛋白質革命は持続可能性というわたしたちの目標を実現するうえで、切り札になる可能性を秘めている。

国連食糧農業機関（ＦＡＯ）の推定によると、今のペースで農業生産の効率を向上させるだけでは、わたしたちは２０４０年までに「農地ピーク」に達するという。[30] そのとき、１万年前に農耕・牧畜が始まって以来続いてきた農地の拡大が、ついに止まる。しかし持続可能な方法で大幅に生産量を増やしたり、痩せた土地を蘇らせたり、新しい場所で農作物を栽培したり、肉の摂取量を減らしたり、生産効率の高い代替蛋白質の恩恵を受けたりすることにより、わたしたちはさらにその先に進んで、土地の収奪を逆転させ始められるかもしれない。

計算では、今の農地のわずか半分の農地、つまり北米大陸程度の広さの土地で、全世界の人に必要な食料を供給できることが示されている。これはたいへん重要な意味を持つ。なぜなら今、わたしたちがただちに必要としているのは、そのような人間の利用から解放された土地だからだ。それが生物多様性の回復と炭素の回収に全力で取り組むうえでの土台になる。身近で起こっているクリーン&グリーン革命の影響を最も受ける農業従事者が果たすべき役割は、きわめて大きい。

# 土地の再野生化

昔、ヨーロッパ大陸の大半は鬱蒼とした暗い森に覆われていた。大陸のあちこちに点在していた小さな初期の農村では、森は厄介な敵と見なされた。人間がわずかばかりの畑を築いて、自給しようとするのを妨げるのが、森だったからだ。森は得体の知れない霊や野獣がいる恐ろしい場所と考えられた。おとなは子どもたちに毎晩、人間が狼の餌食になる話や、魔法をかけられて森から二度と出られなくなる話や、魔女が待ち伏せする話など、おとぎ話を語って聞かせ、絶対にひとりで森に入ってはならないと教えた。森に分け入っていく木こりや猟師は英雄視された。容赦なく伸び広がって、眠り姫を取り囲み、廃城を覆い尽くす森は、つねに悪役だった。

農民は懸命に森と戦った。クリや、ニレや、オークや、マツの木々を焼き払い、切り倒して、川岸や谷の森を切り開いていった。森に棲む野生動物も殺し、家の壁にその頭部を記念品として飾った。木を加工することを覚え、トネリコや、ヘーゼルや、ヤナギの木を細く切って、柵や、屋根や、寝台の材料にした。農地が広がり、人口は増えた。やがて森に対する恐れは薄れた。森は飼い馴らされた。

森林破壊は、わたしたち人間の仕業だ。わたしたちの支配の象徴でもある。進歩と森林の伐採のあいだには密接な関係があり、それを定義したモデルも広く知られている。森林変遷モデルと呼ばれるものがそうだ。森林変遷モデルには、国の発展に伴ってしばしば生じる森林破壊とその後の再森林化の推移が描かれている。人口が少なく、まばらで、小規模な自給自足の農業が営まれているあいだは、せいぜい森林の断片化しか起こらない。しかし断片化すると、森林に風や光が入り込むことにより、森林内の環境が変化し、生物種の構成に影響が出る。断片化が進むほど、森林はもとからある動植物の群集を支える力を失う。

農民が作物を売買するようになると、市場経済化が起こり、農場が企業化し、農地の数や規模が増大する。耕作地の価値は跳ね上がり、残っている森林に次の狙いが定められる。広大な森があっという間に、ちっぽけな森や、農地と農地のあいだに残る木立と化す。しかし、ときとともに農業の生産力が向上するにつれ、都市生活に引かれ、農村から都市に移り住む人が増える。農産物や木材の輸入量も増加の一途をたどる。そうすると必要な農地はしだいに減っていく。最初に耕作限界の農地が放棄され、やがて森の再生が始まる。

ヨーロッパの大半の国は、第二次世界大戦の時点で、この変遷における再森林化の段階、つまり森林被覆率が増加に転じる段階に達していた。ヨーロッパ人による入植後、急速に森林が失われていった米国東部でも、20世紀前半には再森林化が始まった。1970年から現在までのあいだに、米国西部と中米、インドの一部、中国、日本でも同様のことが起こった。

ここで注意すべきは、それらの国々で再森林化が可能になった背景には、グローバル化により、途上国からの農作物や木材の輸入が増えたことが大きな要因としてあるということだ。だとするなら、熱帯でいまだに森林破壊が積極的に続けられているのも、驚くに値しない。それらの赤道付近の多くの国々は、富裕国の牛肉や、アブラヤシや、硬材の市場からお金をもらって、地球上で最も深く、最も暗く、最も自然の豊かな森である熱帯雨林の木々を切り倒している。

ならば、それらの国々にできるだけ速やかに森林変遷を完了するよう促すべきなのか。残念ながら、それを待っている余裕はない。熱帯で森林変遷のふつうの経過がたどられたら、大気中への二酸化炭素の放出と種の絶滅は、全世界に壊滅的な影響を及ぼすものになるだろう。わたしたちは今すぐ、世界のすべての森林破壊を止めなくてはならない。そのためには投資と貿易を通じて、まだ森林を伐採していない国々を支援し、森林を失わずにその資源の恩恵を受けられるようにする必要がある。

ただしこれは一筋縄では行かない。陸の自然を保護するのは、海の自然を保護するのとはまったく勝手が違う。公海には所有者がいない。領海は国に所有されており、政府が是々非々で幅広く決定を下すことができる。いっぽう、土地には人が住んでいる。土地は国や企業や個人や地域社会によってさまざまな大きさに無数に分割され、所有され、売買されている。その価値は市場で決まる。ここでいちばんの問題は、地球規模でも地域でも、土地が提供している自然や生態系サービスの価値については、現在のところ、計算する方法がないことだ。100ヘクタールの熱帯雨林の存続には、書面上、アブラヤシのプランテーションより価値がない。そのせいで、自然を壊すことが有益なことと見なされてしまう。このような状況を変えるには、価値の意味を変える以外に有効な手立てはない。

国連のレッドプラス（REDD＋）計画では、まさにそういうことがめざされている。[31] レッドプラスは、熱帯雨林に蓄えられている莫大な量の炭素に値段をつけることで、残っている熱帯雨林に適切な価値を与える手法だ。そうすることにより、熱帯雨林を自然のままの状態で保とうとする人や政府に、その対価を支払うことが可能になる。財源にはカーボン・オフセットも使われる。

考え方としては、レッドプラスは間違っていない。しかし現実には、土地の所有権や価値の複雑さのせいで厄介な問題にぶつかっている。現地の人々からは、森の価値を単なるドル記号に貶めて、新しい形の植民地主義を推進しようとするのがレッドプラスだという反発の声も上がっている。レッドプラスで動く金には、熱帯雨林の利権をあさろうとするいわゆる「カーボン・カウボーイ」たちも、よその国から群がってくる。炭素の排出量を熱帯でオフセットできる仕組みが作られると、大産業がそれを使って、化石燃料を使い続けることを正当化する恐れもある。

悲しいことだが、あるものに価値が生まれると、人間の欲深さが頭をもたげるというのが現実だ。南米、アフリカ、アジアですでに実施されているレッドプラスの取り組みを通じ、どこをどのように改善すればいいかが見えてくるだろう。レッドプラスのようなものが必要であることは確かだ。自然に対する根本的な過小評価を正そうとする果敢な試みであり、わたしたちはやり遂げなくてはならない。

誰もが本能的には紛れもない事実を理解している。地球上に残された森林や、湿地や、草原は、じつはこの上なく貴重なものであるということだ。それらはけっして放出してはならない炭素を貯蔵し、人間の生存に不可欠な生態系サービスを提供し、失ってはならない生物多様性を育んでいる。どうすればそのようなことをすべて、わたしたちの価値体系の中に組み入れることができるのだろうか。

おそらく通念を変える必要がある。炭素をどれだけ吸収するかだけで自然に値段をつけると、炭素にしか関心が向かなくなる。それでは人類にとっての自然の価値が単純化されてしままうばかりか、成長の速いユーカリのプランテーションには生物の多様性に富んだ森林と同じ価値があるという発想になりかねない。食料の生産に使う必要がなくなった農地を、森林の回復ではなく、バイオエネルギーの作物を単一栽培するのに使うなどという判断がなされるかもしれない。

炭素の回収と貯蔵はもちろん重要だが、それがすべてではない。それだけでは6回めの大量絶滅は食い止められない。安定した健全な世界を築くためには、生物多様性を守ることが肝心だ。何より、生物多様性が回復すれば、必然的に、自然環境による炭素の回収・貯蔵量は最大限にまで増える。生物多様性に富んでいるほど、その能力は高まるからだ。生物多様性の価値が正しく評価され、土地の所有者が生物多様性の増大におのずと努めたくなるような世界が実現したら、それはどのような世界になるだろうか。

今とはがらりと変わるだろう。伐採されていない熱帯雨林や、温帯の原生林や、干拓されていない湿地や、自然の草地が、突然、地球上で最も価値が高い不動産になるだろう。そのような未開地の所有者は、その状態を保つことで利益を得られるだろう。森林破壊はたちまち止まるに違いない。アブラヤシや大豆を植えるのに最適な場所は、手つかずの熱帯雨林が広がる場所ではなく、何年も前に伐採された場所（そもそも、そういう場所ならたくさんある）であることにすぐに気づくだろう。

わたしたちは自然環境の生物多様性や炭素回収能力を減じることなく、自然環境を利用できる方法を見つけようという気にさせられるだろう。実際、そのような方法はある。未開の熱帯雨林で、新しい治療薬や工業材料や食品の原料になりうる未知の物質を、環境を傷つけないよう気をつけながら探すことは、容認されるだろう。もちろんその場合にも、地元住民の同意は必要だし、将来、商品化されたときには、利益は森を守っている人々に還元されなくてはならない。

自然に起こる木々の入れ替わりのペースと同じペースで、選別された木を切り倒す持続可能な伐採[32]も、許されるだろう。そのような伐採ならば、生物多様性を維持できることがわかっているからだ。[33]誰もが自然の驚異を体験できるエコツーリズムは、自然を著しく損なわずに、自然の豊かな地域に多大な収入をもたらすだろう。また、将来、自然の豊かな地域が増えるほど、観光客は分散しうる。

さらに、手つかずの自然と接し合った区域を拡大し、再生しようとする動きが大きなうねりになるだろう。そのような取り組みの先頭に立つのに最もふさわしいのは、未開地やその周りに暮らす地元の人や先住民たちだろう。自然保護活動のこれまでの経験からわかっているように、いい変化を長続きさせるためには、地域の人々が計画の策定に深く関わり、生物多様性を高めることの恩恵を実感できるようにしなくてはいけない。

そのことを示すケニアの事例がある。マサイ族は何百年も前から、セレンゲティでウシやヤギを飼って暮らしてきた。野生生物と隣り合わせの生活だが、野生生物を食べることはない。

毎年、ウシが数頭、野生の捕食動物に殺されるのも受け入れている。ケニアの発展にともなって、マサイ族の人口は増えた。その結果、過放牧の問題が生じ、「隣人」である野生動物が減り始めた。これに対し、マサイ族の氏族が一致協力して、野生動物の数を回復させる目的で、「保護区」を設立した。ウシの放牧に当たっては、植生の多様性が促進されるような仕方でそうすることが氏族間で合意された。そうすることで草食動物の種類と数が増え、ひいては捕食動物も増えるからだ。

再野生化が進むにつれ、各氏族はそれぞれの土地で、環境に配慮したサファリ・ロッジの営業も許可している。ここから好循環が始まる。野生動物が戻ってくるほど、サファリ・ロッジを訪れたいという人が増え、マサイ族のコミュニティーが潤うという具合だ。そのような取り組みが始まってからわずか数年後、いくつかの氏族はさらに野生動物を増やそうと、家畜のウシの数を減らし始めた。

2019年にわたしがそれらの保護区を訪ねたとき、マサイ族の若い世代の人たちは開口一番、家畜の群れより野生動物の群れを大事にするようになったのだと説明してくれた。今、その近隣のマサイ族のコミュニティーでも、隣人の成功を目の当たりにして、保護区モデルが取り入れられ始めている。数十年以内に、ひとえに生物多様性が実利を生むことが理解されたおかげで、野生動物の「回廊」でつながった保護区の連なりにより、ビクトリア湖からインド洋岸まで続く大草原が誕生するかもしれない。

大昔にヨーロッパで最初に開墾された土地すらも、自然の状態に戻せる望みがある。食料生産に必要とされる土地が減るにつれ、ヨーロッパの各国政府は農家に支払っている補助金を、生物多様性や炭素回収の最大化につながる土地の利用を奨励するものへと、切り替える意思を示している。[34] そのような新しい制度は、ヨーロッパの何百万ヘクタールもの農地にすばらしい変化を引き起こしうる。例えば、柵が生け垣に戻されることが期待できる。木々のあいだで農作物を栽培するアグロフォレストリー（農林複合経営）が急増する可能性もある。生物多様性を損ねる農薬や肥料は、魅力を失い始めるだろう。農家はそれらの代わりに、害虫を寄せつけない作物を植えたり、自然に土壌が肥えるリジェネラティブな手法を導入したりするかもしれない。

このような農業の野生化にいちばん積極的に取り組むのは、食肉生産者かもしれない。消費者は植物中心の食生活に移行するにつれ、肉の購入量が減る分、肉を選り好みし、値段より質に注目するようになるだろう。牛肉でも、ラム肉でも、豚肉でも、鶏肉でも、炭素を回収したり、野生を促進したりする方法で生産されたものを求めるかもしれない。それに対し、畜産農家は輸入飼料を使ったバタリー飼育などの集約畜産をやめて、年間を通じて人工林で家畜を放し飼いにする「林間放牧」に切り替えるという選択をするかもしれない。生産量は集約畜産より大きく減るが、地球に優しい商品にはプレミアムをつけられる。放牧地の木々は家畜から出る温室効果ガスの埋め合わせをするだけでなく、家畜の健康や生産を向上させるのに必要な木陰や風雨よけにもなる。家畜もそのお返しに、土壌を肥えさせ、余計な植物の繁茂を防ぐ。

林間放牧が見事なまでにうまくいくのは、自然の状態を模しているという単純な理由による。先史時代、深い森に覆われるようになるはるか以前、ヨーロッパ大陸には草地と森がモザイク状に広がっていた。そのような生態学的な環境、いわゆる景観（ランドスケープ）を生み出していたのは、オーロックスと呼ばれる荒々しい大型の野生のウシや、ターパンと呼ばれる野生のウマや、ヨーロッパバイソンや、ヘラジカや、イノシシといった、木の葉や枝を食べる野生の生物群集だった。それらはみんな太古の洞窟壁画に描かれている動物だ。英国南部でそういう野生の生物群集を再現しようとしている冒険心にあふれたふたりの畜産農家がいる。

2000年、チャーリー・バレルとイザベラ・トゥリーは、1400ヘクタールの自身の農場「ネップ・エステイト」で一か八かの賭けに出た。[35] 耕作限界の農地で使う機械や化学薬品の費用の増大に耐えられず、倒産に直面したことから、それまでずっと続けてきた商業的農業に見切りをつけ、農地を自然の状態に戻すことに決めたのだ。

ふたりは何千年も昔にその土地にいた動物の種構成をできる限り再現できるよう、ウシやポニーやブタやシカの品種を選ぶと、農地にある柵を取り払って、それらをすべていっしょに放し、自由に歩き回らせた。通年でそうし、栄養補助の餌も与えなかった。

そのように自然な形で草食動物をいっしょにすると、やがて草食動物たちのあいだに自然界に見られるのと同じ交流が生まれ始めた。そこではシマウマとヌーが協力して草地の草を食べ

ている。シマウマは丈の高い硬い草だけを食べ、ヌーでも消化できる柔らかい広葉の草はヌーのために残しておく。複数の研究でも、ウシにそのようにロバといっしょに草を食べさせると、別々に飼っていたときより、いっしょに草を食べる効果で、著しく体重が増えることが示されている。野生の自然環境にはそのような助け合いが数多く見られる。その助け合いの営みによって、将来、その土地にどういう景観が形作られるかは決まる。

ネップ・エステイトの農場も、その営みによってがらりと変わり始めた。先史時代の英国にいた野生動物たちと同じように協力し合う動物たちが、それまで画一的だった農場を湿地や、低木の茂みや、ヒースの野原や、林に変え始めた。その結果、農場の生物多様性は爆発的に増大した。わずか15年で、ネップ・エステイトは、めずらしい植物や、昆虫や、コウモリや、鳥類の固有種が数多く見られる英国で随一の場所になった。

チャーリーとイザベラの「自然農場」では今も食肉が生産されている。農場の景観は変わり続けるので、毎年、景観が変わった農場で何頭の動物を支えられるかを計算し直し、支えられない分を食肉として収穫する。ふたりはそうすることで、頂点捕食者の役割を果たしているわけだ。

ネップ・エステイトは野生動物保護事業というわけではなく、特定の種を救うことを目的にしているわけではない。単に動物たちに景観を築くのを任せ、動物たちがその期待に見事に応えているだけだ。記録的な生物多様性を実現したのに加え、農場は今では、肥沃な土壌に莫大な量の炭素を閉じ込めたり、変化に富んだ水路によって下流域の水害を和らげたりもしている。おそらく、今、世界でいちばん古代の英国の自然に近い姿を見ることができるのが、畜産農場でもあるこのネップ・エステイトだろう。訪れたいという人がおおぜいいる。おかげで、食肉の売上と補助金にエコサファリやキャンプの収入が加わって、ついに黒字化も達成した。

生物多様性に十分な金銭的な見返りがある時代になれば、自然農場はもっと一般的になりうる。どんな動物の種構成でも、固有の生物群集の代わりになるものであれば、生息環境を自然な状態に戻すことにつながる。観光が副収入の手段にならない場合には、ほかのことを収入の足しにすることもできる。例えば、クリーン発電などだ。現在製造されている巨大な風力タービンは、草地はもちろん、ドイツに事例があるように、森林にすら、自然環境の回復を妨げることなく設置できる。未来の畜産農家は、適切な支援を受けることで、単なる食肉生産者ではなくなるだろう。食肉生産者であると同時に土壌エンジニアにも、カーボン・トレーダーにも、林業者にも、ツアーガイドにも、電力供給者にも、自然のキュレーター（その土地の自然に備わっている持続可能な潜在的価値の生かし方に習熟した管理者）にもなれる。

正しい動機づけがあれば、自然農場の取り組みは、地域全体の景観を変えるほど大規模化することもありうる。生物多様性から得られる見返りは、たいていは区域が広がるほど大きくなる。近隣の地主どうしが収益を分け合うことに合意すれば、一致協力して、マサイ族の保護区の例のように、どこまでも境界がない広々とした自然公園を作れる。北米のグレートプレーンズや、ヨーロッパのカルパチア山脈の森林に覆われた険しい谷ではすでに、地主たちが生物多様性を回復させるため、何十万ヘクタールもの土地を統合している[36]。やればできるのだ。

このような大規模化からは、最も壮大で最も耳目を驚かす再野生化のプロジェクトを試みるチャンスも生まれる。大型捕食動物の再導入だ。生物多様性の増大や炭素回収に見返りがある世の中では、十分な土地があれば、そのようなことを試みる価値がある。「栄養の滝（栄養カスケード）」と呼ばれる効果が期待できるからだ。

その成功事例として最も有名なのは、１９９５年にオオカミを再導入したイエローストーン国立公園での試みだ。オオカミが戻ってくる以前、大型のシカの群れは毎日、長時間、川の流域や峡谷で、低木や若木を食べていた。オオカミが戻ってくると、ぴたりとそうしなくなった。その理由は多くのシカがオオカミの餌食になったからではなく、すべてのシカがオオカミを恐れたからだった。以降、シカの群れの行動はがらりと変わった。頻繁に移動を繰り返し、もはや同じ空き地に長時間留まらなかった。６年後には、木々が成長して川面に木陰ができ、魚がその下に姿を隠せるようになった。森の底や斜面ではアスペンや、ヤナギや、コットンウッドといった木々が繁茂し、森に棲む鳥類やビーバーやバイソンの数が増えた。オオカミはコヨーテも捕食したので、ウサギやネズミの個体数が回復し、ひいてはキツネや、イタチや、タカの数が増加に転じた。さらに、クマの数も増えた。オオカミが仕留めた獲物のおこぼれに与れたおかげだ。秋には、かつてはなかった木の実も腹いっぱい食べられた[37]。

ここから何が言えるかは、はっきりしている。オオカミを放つだけで、イエローストーンのような景観の土地で生物多様性を増大させ、炭素を回収できるということだ。ヨーロッパでは、今後、森林変遷によって2030年までに2000万〜3000万ヘクタールの耕作放棄地が生まれると考えられており、その対策に携わる人々のあいだではこのような手法が積極的に検討されている。3000万ヘクタールは、ほぼイタリア全土の広さに相当する。それだけの農地に自然の再生で森林が戻ろうとしているなら、できる限り生物が多様で、炭素の回収能力が高いものにしたほうがいい。自然のほんとうの価値を理解し、自然が世界の安定と繁栄にいかに役立っているかを知る政府にとって、再野生化は現実的な政策の選択肢になりつつある。

今世紀の末までに、その初頭よりも世界の自然を大幅に増やすため、ありとあらゆるインセンティブが導入されている。懐疑的な人でも、コスタリカの事例を知れば、正しい動機づけによって何が成し遂げられるかについて、考えをあらためるはずだ。1世紀前、コスタリカの国土は4分の3以上を森林に覆われていた。大半が熱帯雨林だった。1980年代までに、無謀な伐採と農地の開拓のせいで、その割合が3分の1にまで減った。このまま森林破壊を続ければ、自然から受けられる生態系サービスが低下すると危惧した政府は、地主に奨励金を支払って、在来種の植樹を促す取り組みを始めた。それからわずか25年後、コスタリカの森林は国土の半分を覆うまでに回復した。今、コスタリカでは自然が大きな収入源になるとともに、自国のアイデンティティーの柱になっている。

想像してみてほしい。もしそれと同じことが地球規模で実現できたら、どうなるか。2019年の研究によると、理論上、大気中に残っている人間活動由来の二酸化炭素の3分の2が、回復した森林によって吸収されるという。[38] 土地の再野生化はわたしたちの能力の範囲内でできることであり、間違いなくする価値のあることだ。世界じゅうで自然の土地を増やせば、生物多様性が戻り始める。生物多様性が戻り始めれば、その働きによって、地球は安定化に向かう。

# 人口ピークへの備え

ここまで述べてきたのは、わたしたちの消費のフットプリントを減らすことと、できるだけ多くの有意義な方法で自然を取り戻すことに関する未来のビジョンだった。それらの対策がすべて本気で実施されるなら、地球への人間活動の影響を著しく和らげられることは間違いない。今、環境に最も大きな負荷を与えている最富裕層の人々の生活ですら、持続可能なものに近づくだろう。したがって、地球に与える影響の個人差は縮まるはずだ。しかし、限られた資源を地球上の全員で公平に分け合うというドーナツ・モデルの目標を実現するためには、人口自体も考慮に入れる必要がある。

わたしが生まれたとき、地球上に人間は20億人もいなかった。それが今では80億人近くいる。1950年以降、ペースは鈍化しているが、世界の人口は増え続けている。国連の予測によると、2100年までに地球上の人類の数は94億~127億人に達するという[39]。

自然界では、いかなる生息環境でも、動植物の数は時間の経過とともにおおむね一定に保たれ、生物群集のほかの生物との調和が維持されている。個体数が増えすぎれば、各個体が必要なものを得るのがむずかしくなり、一部の個体は死ぬか、もしくはその生息地から出ていく。生まれる個体の数が減りすぎれば、必要なものがあり余るようになるので、繁殖が容易になり、個体数はふたたび最大限度まで増える。各生物種の個体数は、生息環境が養える範囲内で、いくらか増えたり、いくらか減ったりし、増減を繰り返している。この数、つまり「環境容量」(環境が特定の種を養うことができる限度)こそが、自然界の調和の要をなすものだ。

地球における人間の環境容量はどれぐらいか。地球は何人まで人間を養えるのか。これについては昔から大思想家が思慮に富んだ提案をしたり、恐ろしい警告を発したりしているが、わたしたちは今のところ、自然の上限に達していない。人類はたえず、人類の増加に合わせて、食料・住居・水という生存に必要不可欠なものを自然環境から得る方法を新たに発見するなり、発明するなりしてきた。それだけではない。もっと驚かされるのは、人口が急速に増える中にあって、学校や、店や、娯楽や、公共機関といった生存に不可欠でないものまでも、易々と維持していることだ。わたしたちに限界はないのだろうか。

近年、わたしたちの身近で発生している大惨事の数々は、それは「ある」のだとはっきりと告げている。生物多様性の喪失も、気候変動も、地球の限界の切迫した状況も、人類が地球の環境容量に急速に近づきつつあることを示す兆候にほかならない。1987年以来、毎年、「アース・オーバーシュート・デー」が発表されている。人類がその年に消費した資源の量が、1年間で自然に再生される資源の量を上回った日付だ。1987年、わたしたちが地球の資源を限度まで使い切ったのは、10月23日だった。2019年にはその日付が7月29日にまで早まった。人類は今や、地球が1年間で再生できる資源の1・7倍の資源を使っている。[40] そのうちの60%は二酸化炭素の排出の結果だが、これが明白に物語っているのは、わたしたちが自然を酷使しているということだ。今の世界が持続不可能な状態に陥っている根本的な原因は、この過剰利用にある。わたしたちは資源という地球の資本を食い尽くすことで、地球の環境容量を損ねてしまっている。未来に待ち受ける破滅が現実と化すのは、わたしたちが地球から貸し越しの返済を迫られるときだ。

前に紹介した手法の数々を総動員して、消費の影響を減らせば、地球の環境容量をまた高めることができ、たくさんの人間が地球上にいっしょに暮らせるようになる。ただし、ドーナツ・モデルで求められているように、すべての人に公正な取り分を与え、すべての人の生活をよりよくするためには、人口の増加を止めることが重要だ。幸い、人々の生活水準が向上するにつれ、人口は抑制されることがすでに知られている。

地理学には「人口転換」という用語がある。これは国が経済発展とともに経る過程を表したものだ。人口転換は4つの段階からなるが、現在のところ、多くの国々はまだその最後の段階に至っていない。人口転換がどれほど進んでいるかは、出生率と死亡率の変化で測られる。人口転換の過程で国はまず人口の急増を経験し、その後、人口の安定期に入る。言わば、成熟期だ。日本は20世紀にこの最後の段階に達した。日本では、人口転換の第1段階が1000年続いた。その社会は農業を基盤とする前工業社会であり、飢饉や洪水や感染症の流行といった災難に見舞われやすかった。出生率は高かったが、死亡率も高かったので、人口は大きく変化しなかった。長い年月をかけて、少しずつ増える程度だった。しかし1900年には、日本は工業化の真っ只中にあった。19世紀の日本政府は、ヨーロッパ諸国の植民地になるのを避けるため、必死で「富国強兵」策を推し進めていた。科学、工学、運輸、教育、農業といった部門に莫大な資金が投じられ、日本の社会は様変わりした。この工業化の進展で、日本は人口転換の第2段階に入った。出生率が高いまま、死亡率が下がる段階だ。食料生産、教育、医療、衛生環境といった分野の向上が日本人の死亡率を急速に低下させるいっぽう、女性は引き続き多産で、ひとりで4人や5人、あるいは6人の子どもを産んだ。その結果、日本の人口は勢いよく伸び始めた。1900年から1955年までのわずか50年ほどで2倍に増え、8900万人に達した。

第二次世界大戦の終結後、敗戦国として、連合国の管理下に置かれた日本は、軍隊を放棄

人口転換のモデル

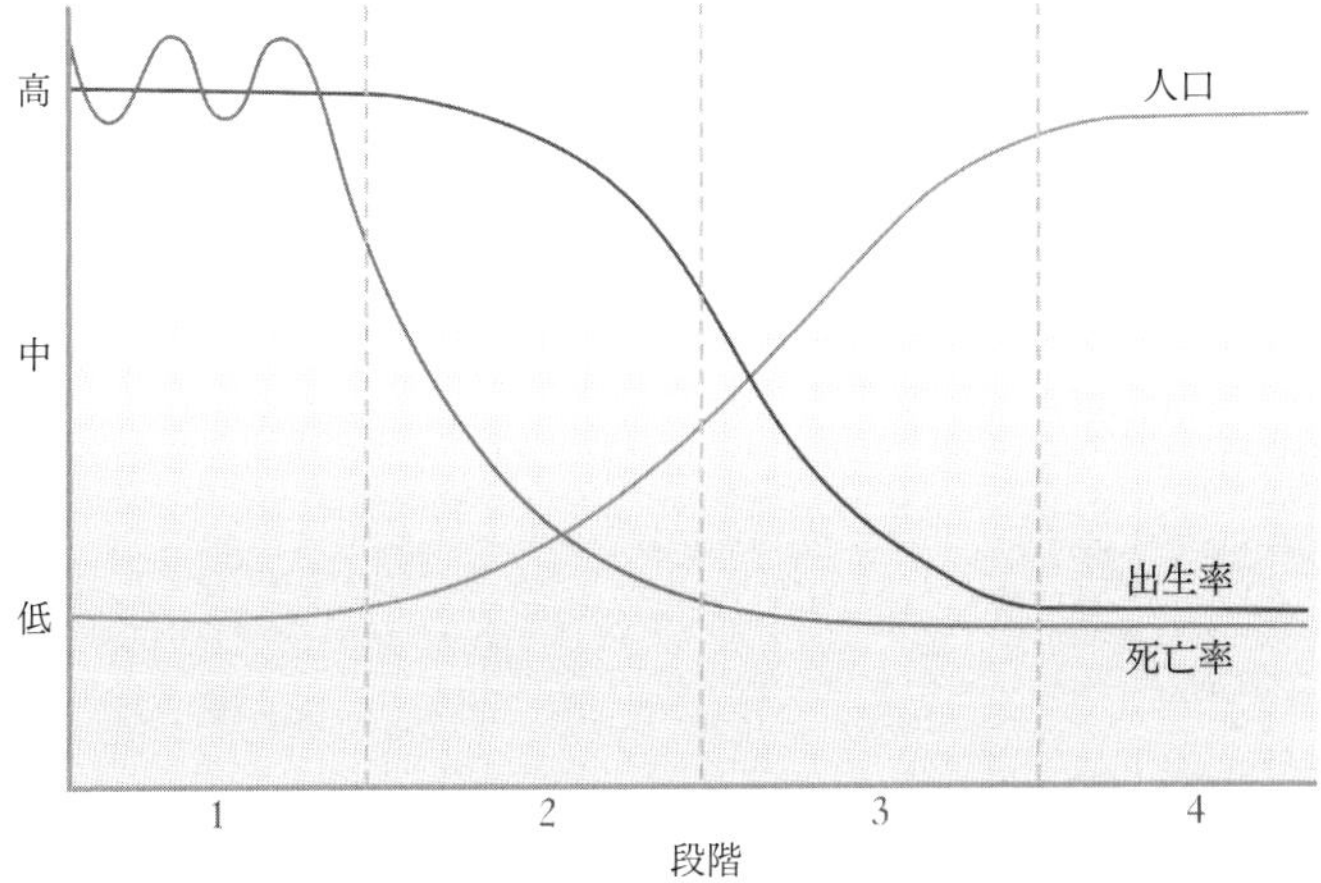

し、世界経済との協調によって国の再建を図ることを余儀なくされた。「大加速」が始まり、洗濯機やテレビや自動車などの消費財の需要が急拡大するにつれ、テクノロジーの一大供給国としての基盤が固まっていった。1950年代前半から1970年代前半にかけて起こった奇跡的な経済成長で、都市が急成長し、所得が増え、教育水準が上がり、大志が育まれた。しかし、この時期に、出生率はがくんと落ちた。1975年には、平均的な家族の子どもの数はわずかふたりになっていた。大半の人の生活が多くの面でよくなるいっぽう、生活に要する費用も高くなった。部屋の数や、経済的な余裕や、子育ての時間は減った。加えて、食生活の改善や医療の進歩のおかげで、幼児の死亡率が下がり、子どもを多く産む意味が薄れた。こうして日本は、人口変遷の第3段階へと移行した。死亡率が低いまま、出生率が低下する段階だ。人口の増加は鈍化し、家族の人数は減った。成長曲線はピークへ近づいた。

2000年の時点で、日本の人口は約1億2600万人だった。この数は今も変わっていない。日本の人口の伸びは止まったということだ。日本は人口変遷の第4段階に入っている。出生率と死亡率がともに低い段階だ。これはふたたび両者の相殺によって人口が安定することを意味する。日本の人口爆発は一時的な、一回きりの現象だった。最終的には、「大加速」で社会が発展したことにより収まった。

この4段階の人口変遷は、今、世界じゅうの国々で起こっている。20世紀に世界の人口が飛躍的に増えたのは、多くの国々が人口変遷の第2、第3段階を経た結果だった。世界の人口の推移は図にしてみれば一目瞭然だ。世界の人口の増加率は早くも1962年にピークに達し、以後、年々低下している。これはつまり、その頃、世界全体の人口変遷が第2段階から第3段階へ移ったことを意味する。以来、世界全体で、家族の平均的な人数は半分に減った。1960年代初頭には、ひとりの女性がふつう5人の子どもを産んでいた。現在は平均2・5人だ。世界は第3段階の終わりへと近づきつつある。[41]

もちろん、肝心なのは、世界はいつ第4段階に至るのかという問いだ。世界の人口はいつ、日本の人口のようにピークを迎えるのか。それは歴史的な節目になるだろう。人口学で「人口ピーク」と呼ばれるその節目は、1万年前に農業が始まって以来初めて、人口の増加が止まる瞬間だ。地球上での営みの調和を取り戻そうとするわたしたちの努力の一里塚になるだろう。

しかし、世界的に第4段階に到達しても、実際に世界の人口がピークを迎えるまでにはそれからさらに時間がかかる。スウェーデンの社会学者ハンス・ロスリングが「不可避の穴埋め」〔高齢者が死亡しても、それより数の多い出生数により、人口の減少分が「穴埋め」される現象〕と呼んだ現象のせいだ。[42] したがって、まずは、子どもの数の増加が止まる「子どもピーク」まで、家族の人数が減る必要がある。さらに、子どもの増加が止まったら、史上最も人数の多いその世代が出産年齢をすぎるまで待たねばならない。人口の増加が横ばいになるのはそれからだ。要するに、家族の人数が最低限度まで減り、「母親ピーク」が到来して初めて、人口の増加が止まるということだ。

加えて、世界の総人口を押し上げている要因がもう1つある。それは表面上は喜ばしいものであり、わたしもその恩恵を被っている、長寿化という世界の傾向だ。人口変遷の段階が進むにつれ、その国の平均寿命は急速に延びる。第1段階では、乳児の死亡や、病気や、栄養失調と隣り合わせの生活が営まれており、人々は40歳前後までしか生きられない。第4段階になると、寿命は2倍に延びる。現に、今世紀半ばまでに、65歳以上の人口が5歳未満の人口の2倍になると予想されている。「不可避の穴埋め」は、大きな人口のモメンタム（1世紀前、人口の急増が始まったときに経験したのとちょうど逆向きの慣性）を生み出す。このモメンタムの影響により、人口ピークは今世紀中には訪れないだろう。

２０１９年、国連の人口部が最新の世界人口予測を発表した。それによると、世界全体の人口変遷が予測どおりに進んだ場合、世界の人口は22世紀初頭、現在より32億人多い約１１０億人でピークに達するという。人口成長曲線の性質により、２０７５年以降は、人口の増加率がかなり小さくなる。しかしなんらかの方法で、ピークをもっと早めたり、低く抑えたりすることはできないのか。

中国はその方法として、１９７９年、「一人っ子政策」を導入した。道義的な問題や、政策運営上の難点や、社会的・文化的な混乱のことは措くとしても、そのような手法に経済発展を待つより即効性があるという証拠はほとんどどこにもない。中国で平均的な子どもの数が6人からほぼ1人へと下がったとき、隣の台湾では、一人っ子政策を敷くことなく、単純に人口の自然な推移が速かった結果として、それ以上の速さで少子化が進んだ。[43]

世界の人口を安定化させる最善の方法は、人口変遷を加速させようとしている国を支援することにあるようだ。これは実際に即して言えば、最も発展の遅れている国々を手助けして、可能な限り早く、ドーナツ・モデルの目標を実現させようとすることを意味する。つまり、貧困からの脱出であれ、医療ネットワークや教育制度や便利な交通手段やエネルギー安全保障の整備であれ、投資先としての魅力の向上であれ、人々の生活水準を高めることをなんでも支援するということだ。

そのような社会改良の取り組みの中で、特に家族の人数の減少につながることが1つある。それは女性の地位向上だ。[44]女性に選挙権が与えられるとき、女子が学校へ通える期間が延びるとき、女性が男性の支配下に置かれず、自分で自分のことを決められるとき、女性が良質の医療を受けられ、避妊できるとき、女性がどんな職業にも就けて、大きな目標を持てるとき、必ず、出生率は下がる。理由は単純だ。地位の向上により選択の自由が生まれて、人生の選択肢が増えると、女性は多くの場合、産む子どもの数を減らそうとするからだ。女性の地位の向上がより早く進み、より十全であるほど、その国の第3段階、第4段階への移行は早まるだろう。

女性の地位の向上はさまざまな形で実現できる。インドの農村では、14歳をすぎて学校に通う女子の割合が4割に満たない。高校がたいてい自宅から遠く離れていて、通学に時間がかかるので、学校へ通うと、家族から頼まれる家の仕事ができないせいだ。これに対し、州政府や慈善団体が何十万台もの自転車を無償で提供したところ、女子生徒の自由な時間が増え、就学状況が大きく改善された。今では、女子生徒の一団が自転車で畑のあいだを走る姿がふつうに見られるようになり、学校を卒業できる女子もめずらしくなくなった。

オーストリアのヴィトゲンシュタイン・センターの研究では、世界じゅうの国々の教育水準を高めることに、国際社会が積極的に取り組めば、人口の伸び方に劇的な変化を起こせることが示されている。[45]その研究の中に、貧しい国々の教育制度が今後、前世紀に最も著しい急成長を遂げた国と同様のペースで改善された場合、世界にどういう変化が起こるかを予測したものがある。それによると、教育制度がそのように速やかに改善されれば、早くも2060年に人口ピークが訪れ、ピークの人口を89億人に抑えられるという。これは驚くべき発見だ。単に社会や教育の制度に資金を投じるだけで、ピークの人口を20億人以上少なくでき、ピークの到来を約50年も早められるのだから。この試算になんらかの誤りがあったとしても、この予測モデルと現実の事例とを組み合わせれば、最も困窮している人々の生活を改善することを通じて、全人類の未来を希望の持てるものにする道が、はっきりと見えてくるに違いない。

人々を貧困から脱させ、女性の地位を向上させることが、今の人口の急成長期を終わらせるいちばんの早道だ。ならば、そうしない理由はないではないか。これは単に、地球上に暮らす人間の数の問題ではない。すべての人の公正な未来のために力を尽くすかどうかの問題でもあ

る。人生におけるチャンスを拡大することを望まない人はいないだろう。これはみんなが恩恵に浴せるすばらしいウィンウィンの解決策だ。ウィンウィンは持続可能性への取り組みで繰り返し問われているテーマにほかならない。世界の再野生化のためにしなくてはならないことは、たいていは再野生化とは別に、わたしたちがそもそもしなくてはならないことでもある。

＊＊＊

やがて訪れる人口ピークは、画期的な出来事になるだろう。ただしそれで人口変遷が終わるとは限らない。人口変遷には第5段階があることを示す証拠もある。日本の人口は現在、減少に転じている。2060年代までには1960年代と同じ1億人に減ることが予想される。人口の減少と同時に、高齢化も進んでおり、総人口に占める高齢者の割合がどんどん高まっている。これは減り続ける労働力人口で、増え続ける高齢者を支えることを意味し、経済にとっては由々しい問題だ。

実際、そのような事態はすでに始まっている。世界の国々に先駆けて人口変遷の第5段階に直面した日本では、対応策をめぐって、社会のあり方が根底から問い直されている。将来の労働力人口を増やすため、もっと多くの子どもを産むべきだと、GDPの永続的な成長を金科玉条とする立場から訴える政治家もいれば、中年層の税負担を少しでも軽くするため、退職者に仕事に戻るよう求める政治家もいる。日本なら、ロボットや人工知能の導入で経済を支えられるはずだと唱える者もいる。

成長に依存しない世界経済への移行が進めば、飽くなき経済発展の追求は和らぐだろう。そうなれば、日本、そしてゆくゆくはほかのすべての国々が、成熟するとともに安定した世界の中で人口の減少と折り合いをつけられるようになるだろう。

最も楽観的な予測モデルでは、今、可能な限り多くの人々の生活を改善することに全力で取り組めば、今世紀末までに、人口を現在のレベルにまで戻せることが示されている。その後、人口はおそらくゆるやかに減り続ける。グローバル社会は地球にかける負荷を減らすと同時に、これまで同様、テクノロジーの進歩によって人類のニーズに応じていくだろう。

しかし、大惨事を免れ、ぶじにそのような未来へたどり着くためには、長く険しい道を歩まなくてはならない。「不可避の穴埋め」による人口の増加が今後、長期にわたって続くことも避けられない。したがって、わたしたちが今どういう決断を下すかがますます重要になる。可能な限り早く、世界のすべての人が一定の水準以上の生活を営めるよう、全員で足並みを揃えて、力を尽くす必要がある。

# 調和の取れた生活を実現する

サステナビリティ革命や、世界の再野生化の推進や、人口の安定化の取り組みを通じ、わたしたちは周りの自然界と調和した生き方を取り戻すだろう。それは個人の生活にはどういう影響を及ぼすのか。持続可能な未来の世界では、健康的な代替肉が普及して、植物中心の食生活が主流になるだろう。あらゆることにクリーンエネルギーが使われるようになるだろう。銀行や年金基金は持続可能なビジネスにしか投資しなくなるだろう。子どもを持つことを選択する夫婦も、多くの子どもを持とうとはしないだろう。木製品や、食品や、魚や、肉を買うときには必ず、公開されている情報にもとづいて、賢い選択ができるようになるだろう。ごみは最小限に減るだろう。人間活動から引き続き出るわずかな二酸化炭素は、購入価格に組み込まれて、自動的にオフセットされ、世界じゅうの再野生化事業の資金源になるだろう。

じつのところ、そのような未来になれば、今よりも自然界と調和の取れた生活が送りやすいだろう。政財界のリーダーたちは、すべての人の環境負荷を少なくするのに役立つ製品の開発や社会の構築を求められるだろう。わたしは今の使い捨て社会になる以前の時代を覚えている。その頃は、修理して使ったり、再利用したりするのが当たり前で、プラスチック製品はほとんどなく、食べ物も貴重だった。今のようになんでも捨て去る世の中になったのは（もちろん、本来、この有限の惑星では、いかなるものも捨て去ることなどできないのだが）、比較的最近のことだ。

ごみはむだであるというだけでなく、積み重なれば、しばしば有害にもなる。自然界にもこれと同じ問題があり、わたしたちはここでも自然界から解決策を学べる。自然界では、ある過程で出たごみは、次の過程で栄養として使われる。あらゆる物質がさまざまな生物種からなるサイクルの中で再利用されているのだ。しかも、ほぼすべてのものが最終的には微生物によって分解される。

エレン・マッカーサー財団[46]の研究者をはじめ、循環型経済（サーキュラーエコノミー）の可能性を研究している人々は、自然界のその仕組みと効率を人類の社会に取り入れる方法を探っている。循環型の考え方で大事なのは、「取る・作る・使う・捨てる」という現行の生産モデルから、あらゆる原材料を自然界における栄養素のように「リサイクルすべきもの」と見なす生産モデルへの切り替えを思い描くことだ。

そうすると、わたしたち人類が2つの別々のサイクルに携わっていることが見えてくる。生物学的サイクルと産業技術的サイクルだ。微生物によって自然に分解されるもの（食物、木材、天然素材でできた服）はすべて生物学的サイクルの一部であり、そうではないもの（プラスチック、合成繊維、金属）はすべて産業技術的サイクルに含まれる。どちらのサイクルでも、原材料（炭素繊維であれ、チタンであれ）は再利用しなくてはならない要素になる。わたしたちの知恵が試されるのは、その再利用をどのような方法で行うかという点だ。

生物学的サイクルでは、食品廃棄物の扱いが鍵を握る。前に見たとおり、現在の食料生産は、森林破壊や、農薬と合成肥料の使用や、輸送のための化石燃料の使用につながっている。また食品の値段が高いせいで、いまだに世界には健康的な食生活を送ることがままならない人がおおぜいいる。そのいっぽうで、廃棄されている食品の量は、世界で生産されている食品の3分の1にのぼる。[47]

インフラが整っていない貧しい国々では、農作物の収穫や保管のまずさのせいで、出荷前の段階で、大量の食品の廃棄が生じている。裕福な国々では、食品の廃棄が生じるのは主に出荷後だ。形の悪いものが取り除かれることもあれば、多く注文しすぎた分が処分されることもある。また単純に食べ切れなかったものが、ごみ箱へ直行することも多い。

もっと理にかなった世界では、インフラも、保存方法も改善されるはずだ。企業が食品廃棄物を家畜のえさにしたり、養殖や家畜の飼料用のハエを育てている「昆虫農場」に送ったりするサービスを手がけるかもしれない。木の実の殻など、繊維質に富んだ廃棄物は、林業で出た廃木材と組み合わせて、バイオ燃料として暖房や発電に使える。そのようなことを通じて、二酸化炭素を回収し、貯留することもできる。無酸素で廃棄物を焼いて、「バイオ炭」を作ることも可能だ。バイオ炭は建築資材になるほか、低炭素の燃料としたり、地味をよくすると同時に地中に炭素を閉じ込められる土壌添加剤としても使える可能性がある。

産業技術的サイクルでは、製品の設計しだいで循環効率が左右される。プラスチックや、合成繊維や、金属から製品を作っている企業は、数年しか使えないものではなく、もっと寿命の長い製品を作ることができる。部品も、簡単に取り外しや、分解や、組み立てや、アップデートができるものを作ることができる。製造は今よりもはるかに標準化されなくてはならないだろう。部品が複数の供給業者によって作られ、交換できるようにするためだ。

すべての製品ラインのすべての部品について、最善の調達先と、のちの行き先も考えなくてはいけなくなるだろう。循環型の手法のもとでは、顧客と企業の関係も変わると考えられている。洗濯機でもテレビでも、顧客はメーカーから製品を買うのではなく、借りるだけになり、修理やリサイクルが今よりはるかにふつうになるだろう。

どちらのサイクルでも、リサイクルできないものや環境に有害なものは、素材にせよ化学物質にせよすべて、しだいに経済から取り除かれるだろう。今、いちばん問題になっているのは、世界じゅうで冷蔵庫やエアコンに使われている人工物質ハイドロフルオロカーボン（ＨＦＣ）だ。製品寿命が尽きたとき、そのＨＦＣがすべて放出されたら、１００ギガトンの二酸化炭素と同等の温室効果ガスが大気中に加わることになる。これに関しては、すでに２０１６年の国際協定で、地球温暖化を招かない化学物質に切り替えるための道筋がつけられている。[48]

循環型経済の目標は、汚染物質のない世界を築くことにある。海に浮かぶプラスチックも、工場の煙突から出る有毒ガスも、燃やされるゴムタイヤも、海面を覆う油もない世界だ。さらにその世界では、現在の資源のむだ遣いが埋め合わされるかもしれない。今のごみの埋立地は、循環型経済を支える資源の採掘場になりうる。海流の渦に集まっているマイクロプラスチックも回収して、海の養殖場の建材として使うことができる。資源の活用の仕方が変われば、人類も廃棄物をいっさいなくして、自然界の循環をまねられるのだと多くの人が信じるようになる。

わたしたちが生活を営む場所はどうなるか。２０５０年には、世界の人口の68％が都市居住者になると予想されている。一時期、都市は環境活動家のあいだで環境破壊の元凶と見なされていた。いたずらにエネルギーを食う交通やら、汚染やら、住民の際限のないニーズやら、世界じゅうで汚れたフットプリントを増やす物質やらにまみれた場所とばかり思われていたからだ。

しかし近年、都市にはむしろその人口密度の高さゆえに、持続可能性を実現しやすい条件が整っていると考えられるようになってきた。都市の設計者たちは都市を歩行者や自転車利用者に優しいものにするにはどうすればいいかを研究している。都市には、高効率で低炭素の公共交通を組み込むこともできる。デンマークの首都コペンハーゲンなどのように、地熱発電や都市の廃棄物による熱エネルギーを使った地域暖房システムを導入している都市もある。都市の中心部に、大金を投じて建設された大規模な建物には、高い水準の断熱率やエネルギー効率を求めることができる。これらのことから今では、都市生活者のほうが農村に暮らす人より、ひとり当たりの炭素の排出量がだいぶ少なくなっている。

世界的な大都市はさらに先へ進もうとしている。今、世界の都市間では、優秀な人材の獲得競争が繰り広げられているというのが、大都市の首長たちの認識だ。都市の魅力を高めるには、徹底的に環境に配慮した快適な都市を築くことが何よりも有効な手段になる。都会に植えられた植物は人々に憩いの場を提供するだけでなく、都市を冷やし、空気をきれいにする。都市居住者の精神衛生にもいい。だから都市部では自然が歓迎され、公園が拡張されたり、並木道が作られたり、屋根や壁を植物で覆うことが推奨されたりしている。

パリは現在、建物の屋上や壁に100ヘクタール分の緑を敷設している最中だ。中国のいくつかの都市では、川べりに人工的な湿地が設けられている。これは季節的に増水する川の水を吸収したり、市民に自然を愛でる場を提供したりするためだ。ロンドンは世界初の国立公園都市になることを宣言し、面積の半分以上を自然に戻す計画や、市民の生活をより環境に配慮し、より健康的で、より自然に囲まれたものにする計画を発表した。

都市国家シンガポールは、自国を「庭園の中にある都市」にするという構想を掲げる。新しく建てる建物はすべて、その建物を建てるために失われた植物と同等の量の植物を補うことを義務づけられている。その結果、現在、国内のあちこちに、植物で覆われることを想定して設計された建物が立つ。ある病院では、そのような緑化のおかげで患者の治癒率が高まったことが報告されている。国内の公園はすべて緑道で結ばれており、海岸沿いの一等地も100ヘクタールにわたって、貯水池と庭園に変えられた。庭園内に林立する高さ50メートルの人工樹は、太陽光パネルで得た電力を使って、水を集めて庭園を潤したり、空気を浄化したりしている。

バイオミミクリー・インスティテュートの共同設立者である生物学者ジャニン・ベニュスは、都市計画から新しい環境保全の手法が出てくることを願って、すべての都市が取り組むべき課題を提言している。彼女が述べているのは、都市はもともと自然の生息環境だった場所を占有しているのだから、少なくとも、かつてその場所で提供されていたのと同等の生態系サービスが提供されるようにするべきだということだ。そこには太陽エネルギーも、肥沃な土壌も、空気の浄化も、水の循環も、二酸化炭素の回収も、生物多様性も含まれる。

都市設計者たちは彼女から示された課題に果敢に挑戦しようとしているようだ。近年の最先端のサステナブル建築物は、実質的に再生可能エネルギーを生産しているほか、周囲の大気を浄化し、排水をみずから処理し、廃棄物で土壌を作り、数多くの動植物の永住の地を提供している。将来、都市は自然から恵みを受けるだけでなく、自然にお返しができるようになるかもしれない。

調和とは、要するにギブ・アンド・テイクのことだ。人類が全体として、少なくとも受け取る分だけは自然界に返すことができ、過去の負債もいくらかは返せるようになるとき、わたしたちは今よりも調和の取れた生活を営めるようになるだろう。すでにそのような新しい考え方の例は世界じゅうに現れている。

世界の国々がニュージーランドのように3P（利益、人、地球）の目標を設定し、日本のように高い生活水準を実現し、モロッコのように再生可能エネルギーを大々的に導入し、パラオのように海を管理し、オランダの農家のように持続可能でなおかつ効率のよい方法で作物を栽培し、インドの人のように菜食を中心にし、コスタリカのように再野生化を推進し、シンガポールのように都市に自然を取り入れれば、人類は自然との調和を取り戻せるだろう。しかしそのためにはすべての国の協力が必要であり、フットプリントが大きい国ほど、大きな変化を求められる。ある国は取り組み、別の国は取り組んでいないというのでは、この移行は成し遂げられない。

現状では、まだ反発があって、足並みは揃っていない。持続可能性の取り組みについて考えるとき、わたしたちはともすると失うことにばかり目を向け、得ることを忘れてしまう。しかし現実には、持続可能な世界には得ることがたくさんある。

石炭や石油への依存を失って、再生可能エネルギーを生産することで、わたしたちはきれいな空気と水、誰もが利用できる安価な電力、それに静かで安全な都市を得る。特定の海域で魚を取る権利を失ういっぽうで、気候変動対策を助けてもくれれば、最終的には天然の海産物を増やしてもくれる健全な海を得る。食卓に載る肉が大きく減るいっぽうで、健康と安価な食品を得る。再野生化によって土地が失われるいっぽう、遠く離れた陸や海でも、地元の身近な場所でも、生きる喜びを感じさせてくれる自然とのつながりを得る。自然に対する支配を失ういっぽう、のちのすべての世代に引き継がれる、自然に支えられた永続的な安定を得る。

そのような未来を実現するための準備はすべて整っている。プランはあるし、何をすべきかははっきりしている。目の前には持続可能性へと通じる道が見えている。それは地球上のすべての生物にとって、よりよい未来へとつながる道だ。わたしたちは自分たちがそれをよく知っていることを、この未来のビジョンが単にわたしたちに必要なものであるだけではなく、わたしたちが何より望むものであることを、政治家やビジネスリーダーたちにわからせなくてはならない。

# 結論

# 人類の最大のチャンス

わたしは今とは違う時代の生まれだ。これは比喩ではなく、文字どおりの意味でそう言える。わたしがこの世に生を享《う》けたとき、地質学者はその時代を完新世と呼んでいた。わたしは、今この世にいるほかのすべての人と同じように、人新世（人類の時代）にこの世を去ることになるだろう。

人新世とは2016年に、著名な地質学者のグループによって提案された時代区分だ。地質学では古くから、地球の歴史を呼び名のついた時代に区分するということが行われている。各時代は、その時代の岩石の特徴によって区分される。例えば、前の時代に栄えていた化石種が含まれていないとか、あるいは、ほかのどの時代にも見られない化石種が含まれているとかいう特徴だ。

現在形成されている岩石には間違いなくそのような特徴が備わるだろう。岩石に含まれる種の数が前の時代よりも減るほかに、プラスチックの破片や、核エネルギーの利用で生じたプルトニウムといった、かつての岩石には一度も含まれたことがないものが含まれることになる。ニワトリの骨が世界じゅうに分布するという特徴も見られるだろう。地質学者たちは、この新しい時代は1950年代に始まっていたと述べて、人新世と名づけるべきだと提案した。時代の特徴を決めている最大の要因が人類にあるからだ。

しかし地質学者にとってはあくまで科学的な手順から導き出されたこの名が、一般の多くの人にとっては、自分たちが直面する由々しい変化をありありと言い表したものになっている。人類は今や、地球全体に影響を及ぼすほどの強大な勢力に成長した。現に、人新世は地質時代の中で例外的に短い時代となり、人類文明の消滅によって幕を閉じる可能性すらある。

別の可能性もある。人新世の幕開けは、人類と地球の新しい持続可能な関係の始まりになるかもしれない。人類が自然と対立するのではなく、自然と協力することを覚える時代にもなりうる。人類が地球全体のよき管理者になるとともに、生物多様性を取り戻すのに自然の驚異的な回復力に頼るようになることで、もはや自然のものと人工のものとのあいだに大きな差がなくなる時代にもなりうる。

どちらの可能性が現実になるかは、わたしたちしだいだ。人類は頭がいいのに、好戦的でもある。人類の歴史は覇権を握ろうとする国家間の戦争や紛争の話で埋め尽くされている。しかしこれからはそのようなことを続けるわけにはいかない。今の世界は地球規模の危機に直面している。世界の国々が互いの違いに目をつぶって、手を握らなければ、この危機には対処できない。

じつは、わたしたちには過去にそういうことをやり遂げた実績がある。1986年、世界の捕鯨国の代表者が集まって話し合い、あらゆる種類のクジラを殺すのをやめなければ、世にもすばらしい生き物を絶滅に追いやることになるという結論に達した。

各国の代表者の中には、当時すでに経済的に採算が取れないほど、クジラの数が減っていたことから、捕鯨の停止に合意した代表もいたかもしれない。しかし活動家や科学者たちの訴えにもとづいてそうした代表がいたのも確かだ。決定は全会一致ではなかったし、いまだに議論は続いている。しかし1994年には、南極海の5000万平方キロメートルが鯨類禁漁区に指定された。現在、そのような規制の結果、クジラの数は今の人々が生まれてこのかた見たことがないほどにまで増えた。おかげで、海の複雑な仕組みを支えるクジラの重要な働きもかなり本来の姿に復してきた。

中央アフリカでは、1970年代にマウンテンゴリラの個体数がわずか300頭にまで減ったとき、多くの国々のあいだで国境を越えた合意がなされた。今では、地元のレンジャーたちの努力と勇気のおかげで、その個体数は1000頭以上に回復している。

つまり、その気になれば、国境を越えた協力も可能であるということだ。ただし、今のわたしたちはある特定の動物ではなく、自然界全体について、合意しなくてはならない。そのためにはおびただしい数の委員会やら、会議やらで協議を重ねなくてはならず、数え切れないほど多くの国際協定が締結されなくてはならない。

すでにその取り組みは国連の主導で始まっており、何万という数の人が参加する大規模な会議が複数立ち上げられている。その中には、広範囲に壊滅的な影響を及ぼしうる地球温暖化の由々しい進行の速さに関する会議もあれば、生命の網を支えている生物多様性の保護を担う会議もある。

これはとても困難な作業であり、わたしたちもあらゆる面でできる限りの支援をしなくてはならない。地方レベルでも、国や国際レベルでも、政治家たちになんらかの合意に達するよう強く働きかける必要がある。場合によっては、より大きな利益のために、自国の利益を後回しにすべきときもある。人類の未来はそれらの会議の成否にかかっている。

わたしたちはしばしば地球を救うと言うが、じつは、すべて自分たちを救うためなのだ。わたしたちがいようといまいと、自然は蘇る。チェルノブイリ原発事故後、無人と化したかつてのモデル都市プリピャチの廃墟が、そのことを劇的に物語っている。

今、誰も住んでいないマンションのがらんとした暗い廊下から一歩外へ出ると、あっと驚く光景に出迎えられる。住民がいなくなってから数十年のあいだに、プリピャチはすっかり森の天下になっていたのだ。コンクリートは雑草でひび割れ、レンガは蔓にからみつかれて崩れている。屋根は生い茂る植物の重みでたわんでいる。ポプラの若木が舗装路を突き破って伸びている。庭園も、公園も、街路も、今や6メートルほどの高さのオークや、マツや、カエデの樹冠に日光を遮られている。その樹冠の下には、観賞用だったバラや果物の木の風変わりな茂みがある。数十年前、住民を脱出させるヘリコプターの発着に使われたサッカーグラウンドも、

若い木々に覆い尽くされている。自然が自分たちの領土を取り返したのだ。

街や壊れた原子炉を含むその土地は、動物たちの世にもまれな安住の地になりつつある。生物学者が街の窓に取りつけた自動撮影カメラでは、キツネ、ヘラジカ、シカ、イノシシ、バイソン、ヒグマ、タヌキといった動物の繁栄のようすが記録されている。数年前には、ここに絶滅危惧種のモウコノウマが数頭放たれた。今では、その数も増えた。猟師に狙われる心配がないことから、オオカミの群れすら棲みついている。

これを見れば、人類がどれだけ重大な過ちを犯そうとも、自然はみずからの力で回復することがわかる。そもそも自然界は過去に何度となく、大量絶滅を乗り越えているのだ。しかし人類に同じことは期待できない。人類がここまで発展を遂げたのは、地球上で最も賢い生物だったからだ。しかし今後も長く存続するためには、知性だけでは足りない。知恵が求められる。

ホモ・サピエンス（「賢い人間」という意味だ）は、今こそ、過去の過ちから学んで、その名にふさわしいところを見せなくてはいけない。それは現代に生きるわたしたちに課された大いなる責務だ。臆することはない。必要な手段はすべて揃っているし、何十億人の頭脳という助けも、自然の計り知れないエネルギーという助けもある。それだけではない。地球上の生物でおそらく人間だけに備わっている能力がある。未来を思い描いて、その実現に取り組む能力だ。

わたしたちはこれまでに地球に与えた損害を償って、人間活動の影響を管理し、文明の発展の方向を見直すことで、ふたたび自然と調和した種になれる。わたしたちに足りないのは、そうしようとする意志だけだ。安定した自分たちの家を築き、遠い祖先から受け継いだ豊かで健全な、すばらしい世界を取り戻すためには、今後の数十年が最後のチャンスになる。人類は今、知られる限り生命体が存在する唯一の星であるこの地球に、これからも住み続けられるかどうかの瀬戸際にある。

# 謝辞

本書と映画からなるプロジェクト「地球に暮らす生命（A Life on Our Planet）」が立ち上げられたのは数年前のことで、それからここに至るまでには、数多くの仲間から支援と尽力を賜った。

最初にこのアイデアがひらめいたのは、世界自然保護基金（ＷＷＦ）のコリン・バットフィールドと、シルヴァーバック・フィルムズの古い友人アラステア・フォザーギル、キース・スコウリーとの会話からだった。この3人にはほんとうに世話になった。3人はこの本の構成を決めるのを手伝ってくれるとともに、映画の制作を手がけ、本書の内容を見事に映像で表現してくれた。

とはいえ、本書を書くにあたってわたしが誰よりも世話になったのは、共著者であるジョニー・ヒューズをおいてほかにいない。彼は長年にわたって環境問題に取り組んでいる人物であり、映画の監督も務めてくれた。彼の弁舌の才、専門知識、頭脳の明晰さは貴重この上ないものだった。とりわけ、幅広い分野と団体の数多くの人々のアイデアや、意見や、研究を取り上げた本書の第3部では、その力が遺憾なく発揮されている。

わたしたちがビジョンを描けたのは、ひとえにＷＷＦのサイエンスチームの惜しみない協力のおかげだ。特に、ＷＷＦ英国の環境保全・科学エグゼクティブ・ディレクター、マイク・バレットには、環境危機についての鋭い視点を提供するとともに、画期的な報告書「生きている地球レポート（Living Planet Report）」の作成チームを率いていることに感謝の念を抱かずにいられない。このプロジェクトに携わった誰もがその報告書から多大な刺激を受けた。また、わたしたちのために長時間を割いて、わたしたちがたえず現実の事例と信頼できる科学的な研究成果にもとづいて議論ができるようにしてくれたＷＷＦの科学ディレクター、マーク・ライトにも感謝している。

ＷＷＦとのコラボレーションを通じ、わたしたちはたくさんの優秀なコミュニケーターや研究者と知り合うことができた。数が多すぎて、ここで全員の名をあげることはできないが、地球の限界モデルを考案したヨハン・ロックストロームとそのチームの面々、それにドーナツ・モデルの提唱者ケイト・ラワースのことは特にここに記して謝意を表したい。歴史的に重大な局面を迎えている現代の状況について、ふたりの研究は深い洞察を与えてくれる。また、ポール・ホーケンとカラム・ロバーツの著作と研究も、それぞれ気候変動と海洋に関して、問題と解決策を理解するのにたいへん有益だ。

ペンギン・ランダムハウスのアルバート・デペトリーロとネル・ウォーナーの指南と、ロバート・カービーとマイケル・リドリーの助力には、両筆者ともに心から感謝している。

愛するわたしの娘スーザンにも感謝しないわけにはいかない。彼女はわたしの行動と予定を管理し、本書の一語一語に――何度も――辛抱強く耳を傾けてくれた。

このプロジェクトに取り組んでいると、さまざまな感情が胸に湧いてきた。地球の今の苦境は、もはや座視できない段階に達している。この危機に関する最新の情報に接するたび、わたしは強い不安に苛まれる。しかしそのいっぽうで、心強く感じるのは、優れた知性の持ち主たちが今、懸命に問題を理解し、解決しようとしていることだ。それらの者たちがすぐにでも結集して、わたしたちの未来を左右する勢力になることを願わずにいられない。「地球に暮らす生命」の制作でわたし自身あらためて気づかされたように、人間は協力することによって、ひとりの大天才が独力で成し遂げられることよりもはるかに大きなことを成し遂げられるのだから。

2020年7月8日　英国のリッチモンドにて

デイヴィッド・アッテンボロー

索引

## 英字



## ア行

## カ行

## サ行

## タ行

## ナ行

## ハ行

## マ行

## ヤ行



## ラ行

## 図版出典

p.11 A lonely tree in Leicester – © Ben Carpenter/Alamy

p.14 Ammonite *Dactylioceras* commune – © Lizzie Harper

p.26 David Attenborough with Benjamin, a Malaysian sun bear, *Zoo Quest* – © David Attenborough

p.29 Charles Lagus filming *Zoo Quest* in Guyana – © David Attenborough

p.31 Sunda pangolin *Manis javanica* – © Lizzie Harper

p.33 Zebras in the Serengeti – © Prof. Bernhard Grzimek/OKAPIA

p.36 Bernhard Grzimek and his son Michael in the Serengeti – © Prof. Bernhard Grzimek/OKAPIA

p.40 David leaning on film cans, as Head of Travel and Talks department, BBC – © BBC

p.47 David meets tribesmen in New Guinea, *Zoo Quest* – © BBC

p.52 A map of Papua New Guinea, focused on the Sepik river region and Abunti – © Lizzie Harper

p.56 Three-toed sloth mother and cub hanging from a tree beside Gatun lake, Panama – © Zizza Gordon/Panama Wildlife/Alamy

p.59 David at Kaieteur Falls in Guyana, *Life on Earth* – © BBC

p.65 David meets Rwandan mountain gorillas, *Life on Earth* – © John Sparks/naturepl.com

p.74 Female Orangutan in Tanjung Puting National Park, Kalimantan, Borneo – © Jim Zuckerman/DanitaDelimont/Getty

p.80 Oil palm plantation, Malaysia – © Rich Carey/Shutterstock

p.83 Doug Allan films a pod of beluga whales for *The Blue Planet* – © Sue Flood/naturepl.com

p.87 Blue Whale *Balaenoptera musculus* – © Lizzie Harper

p.100 An orca spies on a group of crabeater seals, *Frozen Planet* – © Kathryn Jeffs/naturepl.com

p.105 Migrating Pacific walruses hauled out on Siberian coast in Russian High Arctic, *Our Planet* – © Sophie Lanfear

p.110 David at Chernobyl, *A Life on Our Planet* – © Joe Fereday

p.122 The Planetary Boundaries Model – © Meghan Spetch

p.129 Coral: Brain Coral *Diploria labyrinthiformis* and Staghorn *Acropora cervicornis* – © Lizzie Harper

p.131 Honey bee worker *Apis mellifera* – © Lizzie Harper

p.139 The Doughnut Model – © Meghan Spetch

p.159 Aerial view of the solar mirrors at the Noor 1 Concentrated Solar Power (CSP) plant, near Ouarzazate, Morocco – © Fadel Senna/Getty

p.166 Diver looking at large school of Big eye Trevally Jack, (*Caranx sexfasciatus*) Cabo Pulmo, Baja California Sur, Mexico – © Leonardo Gonzalez/Shutterstock

p.171 Giant kelp *Macrocystis pyrifera* – © Lizzie Harper

p.180 Tomatoes ripening on hanging stalk in huge greenhouse, Netherlands – © Sergey Bezverhiy/Shutterstock

p.184 Thomson's gazelle *Eudorcas thomsonii* – © Lizzie Harper

p.198 A family of lions on the Masai Mara, Dynasties – © Simon Blakeney

p.202 Tarpan/Eurasian Wild Horse *Equus ferus ferus* – © Lizzie Harper

p.208 Keel-billed Toucan, Boca Tapada, San Carlos, Costa Rica – © Bill Gozansky/Alamy

p.213 Model of demographic transition – © Meghan Spetch

p.219 Mann Deshi Foundation's bicycle program helps girls in rural India attend school by providing bicycles – © Mann Deshi Foundation

p.229 Solar-powered 'super trees' in Singapore – © Zhu Difeng/Shutterstock

p.238 David holds a newly hatched jungle fowl chick that "talks" to the unhatched egg, *Wonder of Eggs* – © Mike Birkhead

p.241 David with Jonnie Hughes, during filming for *A Life on Our Planet* – © Laura Meacham

## 原注

### 第1部　94歳の目撃証言

1　世界の人口に関して最も信頼できる情報源は、国連の経済社会局人口部だ。人口部のサイト（https://population.un.org/wpp/）では、幅広い情報にアクセスできる。2019年の「世界人口推計（'World Population Prospects 2019 – Highlights'）」は以下のページで公開されている。https://population.un.org/wpp/Publications/Files/WPP2019_Highlights.pdf〔日本語版は、https://www.unic.or.jp/files/15fad536140e6cf1a70731746957792b.pdf〕.

2　ここでの「炭素」は「二酸化炭素」の略語として使っている。大気中の二酸化炭素量の増大は近年の経済発展の特徴であり、地球温暖化の大きな原因になっている。大気中への蓄積は、化石燃料（石炭、石油、天然ガス）の燃焼の直接的な結果だ。本書ではすべて、マウナロア観測所による二酸化炭素のデータを利用している（https://www.esrl.noaa.gov/gmd/ccgg/trends/data.html）。

3　原生的な自然の残存率は以下の論文のデータにもとづく。Ellis E. et al (2010), 'Anthropogenic transformation of the biomes, 1700 to 2000 (supplementary info Appendix 5)', *Global Ecology and Biogeography* 19, 589–606.

4　大量絶滅の具体的な発生回数は、「大量」の定義に左右される。地質学者のあいだでは、ふつう、これまでに5回の大量絶滅があったと言われている。古い順に、4億5000万年前のオルドビス紀末、3億7500万年前のデボン紀末、2億5200万年前のペルム紀末（海洋生物の96%、陸生生物の70%が地球上から姿を消した史上最大の大量絶滅）、2億100万年前の三畳紀末、6600万年前の白亜期末（このとき恐竜の時代にも終止符が打たれた）の5回だ。

5　恐竜が絶滅した原因については数々の説がある。ユカタン半島に落下した隕石の衝撃によって引き起こされたという説は、発表された当初、大胆な考えと受け止められたが、証拠の増加とともに、最も広く支持される説になった。最近では2016年に、チクシュルーブ・クレーターの掘削で新たな証拠が見つかっている。この証拠については、以下を参照。Hand, E. (2016), 'Drilling of dinosaur-killing impact crater explains buried circular hills', *Science*, 17 November 2016, https://www.sciencemag.org/news/2016/11/updated-drilling-dinosaur-killing-impact-crater-explains-buried-circular-hills.

6　約7万年前、個体数が激減するボトルネック現象が人類に起こったことは遺伝子解析で裏づけられている。発生原因については、火山の噴火から社会文化的な理由まで、さまざまなことが言われ、議論に決着がついていない。ただし、そのような現象を避けられるレベルにまで人口が増えていなかったのは、

気候が長期的に安定していなかったことが原因であるという点では、大方の意見が一致している。以下はこのボトルネック現象について掘り下げた文献のごく一部だが、興味のあるかたには参考になるだろう。Tierney J.E. et al (2017), 'A climatic context for the out-of-Africa migration', https://pubs.geoscienceworld.org/gsa/geology/article/45/11/1023/516677/A-climatic-context-for-the-out-of-Africa-migration'; Huff, C.D. et al (2010), 'Mobile elements reveal small population size in the ancient ancestors of *Homo sapiens*', https://www.pnas.org/content/107/5/2147; Zeng, T.C. et al (2018), 'Cultural hitchhiking and competition between patrilineal kin groups explain the post-Neolithic Y-chromosome bottleneck', *Nature,* https://www.nature.com/articles/s41467-018-04375-6.

7 過去の地球の平均気温は、氷床コアや、木の年輪や、海の堆積物から推定できる。そのような推定から、完新世前の数十万年間は、平均気温が今よりおおむね低く、はるかに不安定だったことがわかっている。米航空宇宙局（NASA）の以下のサイトで興味深い記事を読むことができる。https://earthobservatory.nasa.gov/features/GlobalWarming/page3.php.

8 アポロ計画の全通信記録が以下のNASAのサイトに掲載されている。読み応えがある内容だ。https://www.nasa.gov/mission_pages/apollo/missions/index.html.

9 クジラが海に栄養を行き渡らせる重要な役割を果たしていることは、最近になってわかってきた。クジラは採食地と繁殖地の行き来（回遊）を通じて、水平方向に栄養を運び、排泄を通じて、深海の栄養を海の表層に垂直方向に運んでいるという。栄養が集中している海域から栄養を拡散させるクジラの力は、捕鯨の産業化以前と比べ、約5%低下したと推定されている。以下の文献を参照。Doughty, C.E. (2016), 'Global nutrient transport in a world of giants' https://www.ncbi.nlm.nih.gov/pmc/articles/PMC4743783/. メイン湾における局地的な研究については以下を参照。Roman, J. and McCarthy, J.J. (2010), 'The Whale Pump: Marine Mammals Enhance Primary Productivity in a Coastal Basin', PLoS ONE 5(10): e13255, https://doi.org/10.1371/journal.pone.0013255.

10 捕鯨の影響が初めて世界規模で推定されたのは、ごく最近だ。それにより、人類の歴史が始まって以来今までに、人類の手で最も多く殺された動物は、重量換算ではクジラであることが明らかになった。以下の文献を参照。Cressey, D. (2015), 'World's whaling slaughter tallied', *Nature,* https://www.nature.com/news/world-s-whaling-slaughter-tallied-1.17080.

11 グローバル・フォレスト・ウォッチ（www.globalforestwatch.org/）は、世界の森林のあらゆる変化を把握することをめざし、有益な情報を提供しているサイトだ。森林の変化を把握するのは容易ではない。例えば、プランテーショ

ンは宇宙からは天然林のように見えるが、生物多様性の面では天然林とは似ても似つかない。グローバル・フォレスト・バイオダイバーシティ・イニシアチブ（https://www.gfbinitiative.org/）は、そんな森林の生物多様性をできるだけ正確に把握しようと努めている。中心メンバーのひとり、トーマス・クラウザは世界の樹木の総数を見積もって、樹木が有史以来どれぐらい減ったかを推定した。以下の文献を参照。'Mapping tree density at a global scale', *Nature* 525, 201–205 (2015), https://doi.org/10.1038/nature14967.

12 国際自然保護連合（IUCN）は2016年、カリマンタン島のオランウータンの個体数を10万4700頭と推定した。これは1973年の推定28万8500頭からの大幅な減少だ。2025年にはさらに4万7000頭まで減ると予想されている。https://www.iucnredlist.org/species/17975/123809220#population.

13 真核生物は今から20億〜27億年前、つまり生命の誕生からおよそ15億年後に登場したと考えられている（https://www.scientificamerican.com/article/when-did-eukaryotic-cells/）。多細胞生物が登場したのはそれから約15億年後、今からわずか5億年ほど前だ（https://astrobiology.nasa.gov/news/how-did-multicellular-life-evolve/）。

14 漁獲の影響で海の大型魚の個体数が驚くべき速さで減っている実態が、2003年、研究者たちによる世界の漁獲調査で明らかになった。この調査についてはルパート・マレーのドキュメンタリー映画《*The End of the Line*》や、以下の文献を参照。Myers, R. and Worm, B. (2003), 'Rapid Worldwide Depletion of Predatory Fish Communities', *Nature* 423, 280–3, https://www.nature.com/articles/nature01610.

15 漁業への補助金の影響に関する最新の分析は、以下を参照。Sumaila et al (2019), 'Updated estimates and analysis of global fisheries subsidies', https://doi.org/10.1016/j.marpol.2019.103695; WWF (2019), 'Five ways harmful fisheries subsidies impact coastal communities', https://www.worldwildlife.org/stories/5-ways-harmful-fisheries-subsidies-impact-coastal-communities.

16 ほかにもこのようなエピソードを紹介し、シフティング・ベースライン症候群がわたしたちの海への「期待」にどう影響しているかを詳しく論じている文献としては、以下がある。Callum Roberts (2013), *Ocean of Life*, Penguin Books.

17 ペルム紀末の絶滅については、以下の文献で深く掘り下げられている。White, R.V. (2002), 'Earth's biggest "whodunit": unravelling the clues in the case of the end-Permian mass extinction', *Philosophical Transactions of the Royal Society of London* 360(1801): 2963–2985. この文献は次のサイトで閲覧できる。https://www.le.ac.uk/gl/ads/SiberianTraps/Documents/White2002-P-Tr-whodunit.pdf.

18　北極と南極の状況は急速に変化している。米国雪氷データセンター（https://nsidc.org/data/seaice_index/）と米国海洋大気庁（NOAA）（https://www.arctic.noaa.gov/Report-Card）のサイトで、興味深くかつ信頼できる最新の情報を入手できる。世界氷河モニタリングサービス（WGMS）も毎年、世界各地の氷河のデータを集めている（https://wgms.ch/）。

19　世界の生物多様性に関する最も包括的な報告書は「IPBES地球規模評価」（2019）だ。以下のサイトで要約版が読める。https://ipbes.net/sites/default/files/2020-02/ipbes_global_assessment_report_summary_for_policymakers_en.pdf〔日本語版はhttps://www.iges.or.jp/jp/pub/ipbes-global-assessment-spm-j/ja〕. また世界自然保護基金（WWF）が隔年で発行している「生きている地球レポート」も信頼できる。こちらはたいへん読みやすい。以下のサイトで最新版が公開されている。www.panda.org〔日本語版はhttps://www.wwf.or.jp/activities/data/lpr20_01.pdf〕.

20　国連食糧農業機関（FAO）は2年ごとに「世界漁業・養殖業白書」で、水産資源に関する包括的な分析を公表している。最新版は以下のサイトで読める。http://www.fao.org/state-of-fisheries-aquaculture.

21　WWFの2020年の報告（Riskier Business）では、英国内のわずか7種のコモディティー（大豆と牛肉を含む）の需要を満たすためだけに、国外でどれほどの土地が必要になるかがが詳しく説明されている。完全版、要約版ともに以下のサイトでダウンロードできる。https://www.wwf.org.uk/riskybusiness.

22　世界の昆虫の減少について論じた文献としては、以下のものがわかりやすい。Goulson, D. (2019), 'Insect declines and why they matter', https://www.somersetwildlife.org/sites/default/files/2019-11/FULL%20AFI%20REPORT%20WEB1_1.pdf. 昆虫の個体数の回復に関しては、ワイルドライフ・トラスツ（Wildlife Trusts）の2020年の報告書（'*Reversing the decline of insects*'）が英国内のすばらしい事例を紹介している（https://www.wildlifetrusts.org/sites/default/files/2020-07/Reversing%20the%20Decline%20of%20Insects%20FINAL%2029.06.20.pdf）。また、第2部の注9も参照。

23　これらの数字は、地球の生物についての画期的な報告書である次の論文にもとづく。Bar-On, Y.M., Phillips, R. and Milo, R. (2018), 'The biomass distribution on Earth', *Proceedings of the National Academy of Sciences* 115(25), 6506–6511, https://www.pnas.org/content/pnas/early/2018/05/15/1711842115.full.pdf.

## 第2部　これから待ち受けていること

1　地球の現状を報告している有力な団体には次の2つがある。「気候変動に関する政府間パネル（IPCC）」と「生物多様性及び生態系サービスに関する政府間科学政策プラットフォーム（IPBES）」だ。IPCCは気候変動の現状と予測のコ

ンセンサスについての最良の情報源であり、IPBESは生物多様性の現状についての最良の情報源である。ティッピング・ポイントに関しては、以下の論文が参考になる。McSweeney, R. (2010), 'Explainer: Nine "tipping points" that could be triggered by climate change', https://www.carbonbrief.org/explainer-nine-tipping-points-that-could-be-triggered-by-climate-change.

2 この研究について詳しく知りたいかたには、Rockström, J. and Klum, M. (2015), *Big World, Small Planet,* Yale University Press［J・ロックストローム／M・クルム『小さな地球の大きな世界——プラネタリー・バウンダリーと持続可能な開発』武内和彦／石井菜穂子監修、谷淳也／森秀行ほか訳、丸善出版、2018年］を推薦する。とても読みやすい本だ。

3 IPBES (2019) の最新の研究では、現在の絶滅率が過去1000万年間の平均の数十倍から数百倍にのぼることが示されている。また、過去1世紀の脊椎動物の絶滅率は背景絶滅率の最大114倍になると考えられるという。以下のサイトを参照。https://ipbes.net/global-assessment.

4 近い将来、アマゾンの熱帯雨林のかなりの部分に立ち枯れが生じると予測するひとりに、地球システムの研究者カルロス・ノーブルがいる。有益な情報に富んだノーブルのインタビューは次のサイトで読める。https://e360.yale.edu/features/will-deforestation-and-warming-push-the-amazon-to-a-tipping-point. 関連論文としては以下がある。Nobre, C.A. et al (2016), 'Land-use and climate change risks in the Amazon and the need of a novel sustainable development paradigm', https://www.pnas.org/content/pnas/113/39/10759.full.pdf.

5 最新の氷の消失に関する数字の情報源としては、IPCCの報告書*Special Report on the Ocean and Cryosphere in a Changing Climate* (2019) (https://www.ipcc.ch/srocc/) と、北極圏監視評価プログラム (AMAP) の報告書*Arctic Monitoring and Assessment Programme Climate Change Update 2019: An Update to Key Findings of Snow, Water, Ice and Permafrost in the Arctic (SWIPA) 2017* (https://www.amap.no/documents/doc/amap-climate-change-update-2019/1761) が最も頼りになる。

6 永久凍土に関する情報については、全球永久凍土観測網 (https://gtnp.arcticportal.org/) があらゆる近年のデータを提供している。

7 白化現象とサンゴ礁の消失に関する重要な情報源になっているのは、衛星データと地理情報システムを使って世界の海の状態を監視している米国海洋大気庁のコーラル・リーフ・ウォッチ (https://coralreefwatch.noaa.gov) だ。そのほかでは、地球規模サンゴ礁モニタリングネットワークの報告 (https://gcrmn.net/products/reports/) も役に立つ。

8 国連食糧農業機関は頻繁に世界の農業食糧生産の現状に関する報告書を発表している。中でも重要なのは、2015年の「世界土壌資源報告」(http://www.

fao.org/3/a-i5199e.pdf)〔日本語版はhttps://www.naro.affrc.go.jp/archive/niaes/sinfo/publish/bulletin/niaes35-3.pdf〕だ。この報告書には、現代の産業化された農業にサステナビリティの面でどういう懸念があるかが詳述されている。

9 世界的に昆虫が減っていることは広く知られている。昆虫の生物多様性の喪失に関する予測について評価するのはむずかしいが、重要論文と位置づけられ、高く評価されているのは2019年にフランシスコ・サンチェス・バヨとクリス・ウィクホイスが書いた次の論文だ。'Worldwide decline of the entomofauna: A review of its drivers' (https://www.sciencedirect.com/science/article/pii/S0006320718313636). また、第1部の注22も参照。

10 新型コロナウイルスのパンデミックが起こったとき、IPBES (2020) はゲスト記事で、ウイルスの出現と環境の劣化とのあいだには関連があるという見解を示した (https://ipbes.net/covid19stimulus)。

11 気候変動の科学を評価する有力な国際的組織IPCCは、2019年、「変化する気候下での海洋・雪氷圏」に関する報告書で、海面上昇についての最新の予想を公表している (https://www.ipcc.ch/srocc/chapter/summary-for-policymakers)〔日本語版はhttps://www.env.go.jp/earth/ipcc/special_reports/srocc_spm.pdf〕。

12 気候変動対策に取り組む約100の都市で構成される「C40 (世界大都市気候先導グループ)」という国際都市ネットワークがある。C40は、地球温暖化が都市部にどういう影響を及ぼすかや、責任を負う諸都市が喫緊のその課題にどう取り組んでいるかを知るうえでいい情報源になる (https://www.c40.org)。

13 気候変動の今後の影響を予測するモデルはいくつもある。2100年に地球の気温が4℃上昇すると予測しているのは、IPCCの第5次評価報告書のRCP8.5シナリオだ (https://www.ipcc.ch/assessment-report/ar5/)。人口の4分の1以上が平均気温29℃以上の地域に暮らすことになるという予測は、それとは別のモデルによるものであり、もっと極端な想定にもとづく。とはいえ、それも起こりうる事態だと考えられている。以下の論文を参照。Xu, C. et al (2020), 'Future of the human climate niche', *Proceedings of the National Academy of Sciences* May 2020, 117(21), 11350–11355, https://www.pnas.org/content/early/2020/04/28/1910114117.

## 第3部　未来へのビジョン——世界を再野生化する方法

1 数字は2020年の「生物多様性の経済学：ダスグプタ・レビュー (*The Dasgupta Review: Independent Review on the Economics of Biodiversity*)」による。この報告書では、現代経済において生態系サービスがいかに重要であるかが力強く論じられている。以下のサイトを参照。https://www.gov.uk/government/publications/interim-report-the-dasgupta-review-independent-review-on-the-economics-of-biodiversity.

2 ケイト・ラワースの*Doughnut Economics* (2017)［ケイト・ラワース『ドーナツ経済学が世界を救う――人類と地球のためのパラダイムシフト』黒輪篤嗣訳、河出書房新社、2018年］は、今の経済システムと自然界の現実とが両立しないことを明快に解き明かした本だ。ドーナツ・モデルについて詳述しているほか、経済を持続可能なものにするために何をすればいいかについても、数多くの提言をしている。

3 多くの熱帯雨林では古くからの生態系が保たれている。熱帯雨林の歴史と機能に関する優れた概説書としては次の本がある。Ghazoul, J. and Sheil, D. (2010), *Tropical Rain Forest Ecology, Diversity, and Conservation,* Oxford University Press.

4 「生物多様性の経済学：ダスグプタ・レビュー」では、成功の指標として、国内総生産（GDP）の代わりに、環境負荷のほんとうのコストを反映した国民総生産（GNP）を使うことが提案されている（https://www.gov.uk/government/publications/interim-report-the-dasgupta-review-independent-review-on-the-economics-of-biodiversity）。地球幸福度指数については、以下のサイトを参照。http://happyplanetindex.org/.

5 これらのデータは主に、世界のエネルギー情勢に関する信頼できる情報源である国際エネルギー機関（IEA）による。

6 カーボン・バジェットの世界はかなり専門的な領域だ。概要については、以下のサイトを参照。https://www.ipcc.ch/sr15/chapter/chapter-2/. 将来の排出予測に関しては、以下のサイトを参照。https://ourworldindata.org/co2-and-other-greenhouse-gas-emissions#future-emissions.

7 非営利団体プロジェクト・ドローダウンは、気候変動を抑制するありとあらゆる方法を1つ1つ取り上げて、とてもわかりやすい言葉で吟味し、それぞれの相対的な重要さを評価している。以下のサイトを参照。www.drawdown.org.

8 運輸産業に起こりうる変化の大胆な予測に関しては、以下のサイトを参照。https://www.rethinkx.com/transportation.

9 ストックホルム・レジリエンス・センターは、地球システム科学やサステナビリティ分野で世界をリードする研究所だ。地球の限界モデルの開発に携わり、各国の政府に環境政策の助言も行っている。詳しくは、以下のサイトを参照。https://www.stockholmresilience.org/.

10 エネルギー転換を実現させる最善の方法については、WWFの報告書を参照（https://www.wwf.org.uk/updates/uk-investment-strategy-building-back-resilient-and-sustainable-economy）。

11 生物多様性の増大と、炭素の回収・貯留能力の増大との関係についての研究としては、以下のような例がある。ニューイングランドの塩性湿地や、オーストラリアのマングローブ林・藻場の生態系において、頂点捕食者がいなく

なり、草食動物が増加した結果、炭素の回収・貯留が減ったことを明らかにしたアトウッドら（Atwood et all, 2015）の研究（https://www.nature.com/articles/nclimate2763）、中国の亜熱帯雨林において、樹木種の多さが森林の炭素の回収・貯留能力を高めていることを突き止めたリューら（Liu et al, 2018）の研究（https://royalsocietypublishing.org/doi/full/10.1098/rspb.2018.1240）、インドにおいて、プランテーションよりも天然林のほうがより多くの炭素を回収し、保持できることを確かめたオスリら（Osuri et al, 2020）の研究（https://iopscience.iop.org/article/10.1088/1748-9326/ab5f75）などだ。

12 海洋保護区については、プロテクテッド・プラネットのサイト（https://www.protectedplanet.net/marine）で有益な情報が得られる。ここで注意しなくてはならないのは、今のところ、海洋保護区のすべてが効果的に管理されているわけではないことだ。十分に機能している海洋保護区は半分しかないことが複数の調査で示されている。

13 スミソニアン学術協会がカボ・プルモの海洋保護区の成功について詳しく報告している。それを読むと、海洋保護区にしても、環境保全活動全般にしても、地元の人々を活動に引き入れることが重要であることがわかる。以下のサイトを参照。https://ocean.si.edu/conservation/solutions-success-stories/cabo-pulmo-protected-area.

14 沿岸の生態系による炭素の回収・除去の効果や、その効果を期待して行われているマングローブ林、塩性湿地、藻場を回復させる取り組みについては、以下のサイトを参照。https://www.thebluecarboninitiative.org/. 海洋保護区の設計に関しては、以下のサイトで興味深いオーストラリアの記事が読める（https://ecology.uq.edu.au/filething/get/39100/Scientific_Principles_MPAs_c6.pdf）。

15 魚種の資源量の評価と漁船の活動の監視は、どちらも持続可能性の実現のためには欠かせないものだが、それらには海洋環境ゆえの特有のむずかしさがある。対策として認証制度が導入されているが、問題の完全な解決には至っていない。

16 世界の海の使い方を定めた重要な国際条約として、「海洋法に関する国際連合条約」がある。現在、この条約が数十年ぶりに改正されようとしており、多くの人が新たにサステナビリティを条約の中心に据えようと努力している。現状にふさわしい変更がなされれば、人類と海の関係が一変するだろう。詳しくは、以下のサイトを参照。https://www.un.org/bbnj/.

17 漁獲量と養殖の生産量は定期的にFAOの『世界漁業・養殖業白書』で報告されている。2020年版は以下のサイトで閲覧できる。http://www.fao.org/state-of-fisheries-aquaculture.

18 水産養殖管理協議会（ASC）は、責任ある養殖水産物の普及を促すため、認証

ラベル事業を手がけている。緑色のASCラベルがついた養殖のサケや貝などの水産物をぜひ探してほしい。以下のサイトを参照。https://www.asc-aqua.org/.

19 バイオエネルギーを使って炭素を回収・貯留する技術ベックス（BECCS）が現在、熱や電力を作ると同時に大気中から炭素を取り除く方法として、研究されている。この技術が実用化されれば、土地をめぐって食料生産や生息環境と競合関係にあるエネルギー作物に対する風当たりが和らぐ。ケルプをエネルギー作物に使う利点は、健全なケルプの森においては生物多様性に富んだ自然環境が定期的な収穫に耐えられるスピードで成長できる点にある。

20 人類による土地の利用の仕方については、各種の研究やデータを紹介するサイト「データで見るわたしたちの世界（Our World in Data）」でたいへんわかりやすくまとめられている（https://ourworldindata.org/land-use）。

21 IPCCの「土地関係特別報告書」（2020年改訂）には、土地利用が気候に与える影響について、すばらしい洞察が記されている。以下のサイトを参照。https://www.ipcc.ch/srccl/chapter/summary-for-policymakers〔日本語版はhttps://www.env.go.jp/earth/ipcc/special_reports/srccl_overview.pdf〕.

22 土壌の機能についてはまだわかっていないことがたくさんある。健康な土壌内では、微生物や無脊椎動物が互いや周囲の植物と、さまざまな複雑な仕方で作用し合っている。しだいに明らかになりつつあるのは、重要な栄養素の定着や、土壌の状態や、植物の成長や、炭素の回収・貯留にとって、土壌の生物多様性が決定的に重要であるということだ。以下の論文を参照。Hirsch, P.R. (2018), 'Soil microorganisms: role in soil health', in Reicosky, D. (ed.), *Managing Soil Health for Sustainable Agriculture,* Volume 1: 'Fundamentals', Burleigh Dodds, Cambridge, UK, 169–96. 食料生産システムの概要や、何を変えなくてはならないかについては、「どうすれば、2030年までに、食料と土地利用のシステムを通じて、気候変動を抑制し、生物多様性を守り、すべての人の健康的な食生活を維持し、食の安全保障を劇的に向上させ、包摂的な地域経済を築くことができるかを明らかにした」、NGO「食料と土地利用連合（FLUC）」の以下の報告書にわかりやすくまとめられている。FOLU (2019), *Growing Better: Ten Critical Transitions to Transform Food and Land Use,* https://www.foodandlandusecoalition.org/wp-content/uploads/2019/09/FOLU-GrowingBetter-GlobalReport.pdf.

23 農業のサステナビリティを向上させるハイテク農法の研究で世界を牽引しているのは、オランダのワーヘニンゲン大学だ。オランダの農家で取り入れられている技術をはじめ、数多くの技術の開発に貢献している。以下のサイトを参照。https://weblog.wur.eu/spotlight/.

24 リジェネラティブ農業に関する主な情報源は、リジェネレーション・インター

ナショナル（Regeneration International）と以下の報告書。Burgess, P.J., Harris, J., Graves, A.R., Deeks, L.K.（2019）, *Regenerative Agriculture: Identifying the Impact; Enabling the Potential,* Report for SYSTEMIQ, 17 May 2019, Cranfield University, Bedfordshire, UK, https://www.foodandlandusecoalition.org/wp-content/uploads/2019/09/Regenerative-Agriculture-final.pdf.

25 ある国の平均的な食生活が全世界に広まった場合、どれほどの土地が必要になるかについては、以下のサイトを参照。https://ourworldindata.org/agricultural-land-by-global-diets. 世界各国の肉の消費量は、以下のサイトで調べることができる。https://ourworldindata.org/meat-production#which-countries-eat-the-most-meat.

26 最近の有力な報告書には、次のものがある。EAT-Lancet commission（2019）, *The Planetary Health Diet and You.* これは以下のサイトで読める。https://eatforum.org/eat-lancet-commission/the-planetary-health-diet-and-you/. また、国連食糧農業機関（2010）の「持続可能な食生活と生物多様性」に関する報告書（*Sustainable Diets and Biodiversity*）も参照。これは以下のサイトで読める。http://www.fao.org/3/a-i3004e.pdf.

27 この評価はオックスフォード大学の「食の未来計画（The Programme on the Future of Food）」の論文にもとづく。以下を参照。Springmann, M. et al（2016）, *Analysis and valuation of the health and climate change cobenefits of dietary change,* https://www.pnas.org/content/early/2016/03/16/1523119113.

28 以下の記事にもとづく。https://www.theguardian.com/business/2018/nov/01/third-of-britons-have-stopped-or-reduced-meat-eating-vegan-vegetarian-report. また次の記事でもこの数字が紹介されている。https://www.foodnavigator-usa.com/Article/2018/06/20/Innovative-plant-based-food-options-outperform-traditional-staples-Nielsen-finds. 最近の英国の調査では、肉類の摂取量を減らしている人は、2017年に28％だったのが2019年に39％に増えたことが示されている。以下のサイトを参照。https://www.mintel.com/press-centre/food-and-drink/plant-based-push-uk-sales-of-meat-free-foods-shoot-up-40-between-2014-19.

29 食料生産革命によっていかに急速に、また広範囲にわたって、農業部門が変わりうるかについては、以下の報告書を参照。https://www.rethinkx.com/food-and-agriculture-executive-summary. 国連食糧農業機関の「2050年までの世界の食料需給見通し」に関する2012年の研究（http://www.fao.org/3/a-ap106e.pdf）で、深い分析がなされている。

30 植物中心の食事を支えるのに使われる土地の面積は、近年、急速に小さくなっている。新しい農業の生産量が増大しているおかげだ。この傾向を示すデータや、将来必要になる農地面積の予測については、以下のサイトを参照。

https://ourworldindata.org/land-use#peak-farmland.

31 レッドプラスの詳細は以下のサイトで知ることができる。https://www.un-redd.org/.

32 国際非営利団体、森林管理協議会（FSC = The Forestry Stewardship Council）は、「環境保全の点から見ても適切で、社会的な利益にかない、経済的にも継続可能な森林管理を世界に広めること」をミッションに掲げ、世界じゅうで森林認証制度を手がけている。FSCの緑色のラベルがついていれば、持続可能性と平等の原則に従って管理された森林の木材が使われていることの証拠だ。以下のサイトを参照。https://www.fsc.org〔FSCジャパンは、https://jp.fsc.org/jp-ja〕.

33 持続可能な熱帯雨林管理の代表例は、カリマンタン島、サバ州のデラマコット森林保護区だ。1997年にFSCの持続可能性の認証を受けており、世界の熱帯雨林の中で最も長くその認証を受けている。生物多様性を損ねないよう、伐採が管理されているデラマコット森林保護区では、サバ州のほかの原生林とほぼ同等の生物多様性が保たれている。以下のサイトにはこの森林保護区に関する記事と短い動画がある。https://www.weforum.org/agenda/2019/09/jungle-gardener-borneo-logging-sustainably-wwf/.

34 例えば、英国では、単なる耕作ではなく、生物多様性や炭素回収の程度など、土地の「公共善」にもとづいて、農家に補助金を与えることが検討されている。そこまでするのはむずかしいと見る向きもあるが、ワイルドライフ・アンド・カントリーサイド・リンク（Wildlife and Countryside Link）の最近の調査によると、少なくともイングランドの農業界からは支持されているようだ。以下のサイトを参照。https://www.wcl.org.uk/assets/uploads/files/WCL_Farmer_Survey_Report_Jun19FINAL.pdf.

35 チャーリーとイザベラのサセックスの農場での再野生化の試みについては、イザベラ自身が本（Isabella Tree, *Wilding*, 2018［イザベラ・トゥリー『英国貴族、領地を野生に戻す――野生動物の復活と自然の大遷移』三木直子訳、築地書館、2019年］）を著して、すばらしい筆致で紹介している。この本は現代の農業の問題点と、自然の驚くべき回復力の両方について、わたしたちを啓発してくれる。また、生態系サービスからわたしたちが得ている恩恵も、ありありと描き出している。ふたりの農場は今では炭素の回収にも、土壌の健康の向上にも、洪水の緩和にもたいへん秀でた土地になっている。

36 再野生化の取り組みは世界じゅうで定着し、生物多様性や自然の働きを景観（ランドスケープ）規模で回復させる手段としてどんどん広まっている。世界各地の再野生化の取り組みには以下のような例がある。英国屈指の景勝地、湖水地方の中心部で実施されているエナーデイル・プロジェクト。米国の大草原（プレーリー）の回復をめざすアメリカン・プレーリー・リザーブ。ドナ

ウ・デルタの回復をはじめ、ヨーロッパ各地で行われているリワイルディング・ヨーロッパに支援された取り組み。詳しくは、以下のサイトを参照。http://www.wildennerdale.co.uk/, https://rewildingeurope.com/space-for-wild-nature/, https://rewildingeurope.com/areas/danube-delta/.

37 オオカミの再導入と生物多様性へのその効果に関するイエローストーン国立公園自身の報告は以下のサイトで読める。https://www.nps.gov/yell/learn/nature/wolf-restoration.htm.

38 森林の回復がどれほど気候変動を和らげるかについては、国連食糧農業機関とトーマス・クラウザの研究グループによる画期的な研究報告がある。植樹を化石燃料の使用削減の代替策にするべきではないが、その報告では、樹木のない17億ヘクタールの土地に、在来種の苗木を1.2兆本植えることが提案されている。以下のサイトを参照。https://science.sciencemag.org/content/365/6448/76.

39 国連の人口部は世界の人口に関するデータを集計している部門である。2019年に人口部が刊行した最新の「世界人口推計」には、異なる想定にもとづくさまざまな2100年の人口予測が掲載されている。以下のサイトを参照。https://population.un.org/wpp. また、次のサイトでは要点がわかりやすくまとめられている。https://ourworldindata.org/future-population-growth.

40 アース・オーバーシュート・デーの詳しい説明と計算方法については、以下のサイトを参照。https://www.overshootday.org.

41 ウェブサイト「データで見るわたしたちの世界」は、人口のデータをはじめ、数多くの分野の情報の宝庫だ。世界の人口成長や、出生率や、平均寿命のほか、人口動態のさまざまな側面に関する研究発表を閲覧することができる。例えば、以下のページを参照。https://ourworldindata.org/world-population-growth.

42 ハンス・ロスリングは社会学の類いまれなコミュニケーターだった。彼の研究はギャップマインダー財団（Gapminder Foundation）で生き続けている。以下のサイトを参照。https://www.gapminder.org/. 人口や貧困の現実についてのインタラクティブなツールや動画が多数紹介されている。

43 中国の一人っ子政策と台湾の出生率の低下の比較については以下のサイトを参照。https://ourworldindata.org/fertility-rate#coercive-policy-interventions.

44 国連ウィメン（https://www.unwomen.org/en〔日本事務所は、https://japan.unwomen.org/ja〕）と国連人口基金（https://www.unfpa.org/〔駐日事務所は、https://tokyo.unfpa.org/ja〕）のサイトで、これらの問題が丁寧に解説されている。

45 ヴィトゲンシュタイン・センターの研究の方法論については以下のサイトで詳しく説明されている。https://iiasa.ac.at/web/home/research/researchPrograms/WorldPopulation/Projections_2014.html.

46 エレン・マッカーサー財団は現実的な循環型経済を築くことをめざし、議論と行動の喚起に努めている団体である。サイト（https://www.ellenmacarthurfoundation.org）には数多くの情報やアイデアが紹介されている。また、循環型経済を実現する方法については、ケイト・ラワースの「ドーナツ経済学」の本［ケイト・ラワース『ドーナツ経済学が世界を救う——人類と地球のためのパラダイムシフト』黒輪篤嗣訳、河出書房新社、2018年］がたいへん示唆に富む。

47 国連食糧農業機関の「世界食料農業白書2019年報告」では、世界の食品ロスに関する大規模な調査結果と合わせて、削減方法が検討されている。以下のサイトを参照。http://www.fao.org/state-of-food-agriculture/2019〔日本語版は、https://www.fao.org/publications/card/en/c/CA6122JA/〕. WWF-WRAP（2020）の新しい報告書（*Halving Food Loss and Waste in the EU by 2030: The Major Steps Needed to Accelerate Progress*）には、食品ロスの具体的な削減方法が記されている。以下のサイトで読むことができる。https://wwfeu.awsassets.panda.org/downloads/wwf_wrap_halvingfoodlossandwasteintheeu_june2020__2_.pdf.

48 2016年、170カ国が調印したモントリオール議定書キガリ改正では、製品寿命が尽きた冷媒HFCの適切な管理と処理が各国の政府に義務づけられた。プロジェクト・ドローダウンがあげる80の気候変動の解決策の中で、1位に選ばれているのがこれだ。プロジェクト・ドローダウンの推定によると、適切にHFCを処分することで、二酸化炭素約90ギガトン相当の温室効果ガスの排出を回避できるという。

**海の林業　Ocean forestry**
気候変動対策として提案されている**自然に根ざした解決策**の1つ。ケルプの森を育てるというもので、ケルプの森が**二酸化炭素の回収・貯留**のシステムとして機能することが期待されている。また、生産された海藻は**バイオエネルギー**や食品に使うことができるほか、永久に廃棄処分することで、大気中から二酸化炭素を取り除くのに使える。

**永久凍土　Permafrost**
一年じゅう凍結している地表の土壌。ロシアやカナダ、アラスカ、グリーンランドのツンドラ地帯や北極圏に広がっている。地球温暖化が進んで、永久凍土が解け出した場合、強力な**温室効果ガス**であるメタンが大気中に放出され始め、それによってさらに永久凍土が解けるという悪循環が起こることが予想される。この悪循環はやがて**ティッピング・ポイント**と地球温暖化の暴走へ至る。

**永続的な成長　Perpetual growth**
**国内総生産（GDP）**は永遠に毎年伸び続けるという、現在の経済モデルの背後にある想定。現実には、多くの先進国のGDPの成長率は年0～2%にすぎず、ほとんど「成長」とは呼べないレベルだ。

**栄養の滝（栄養カスケード）　Trophic cascade**
食物連鎖の1つの段階（「栄養段階」と呼ばれる）での変化が、ほかの段階に次々と影響を及ぼす波及効果のこと。かつて、人間によって頂点捕食者が取り除かれたとき、生態系に大きな変化が起こり、陸でも海でも景観（ランドスケープ）が一変することになったのはそのせいだ。例えば、オオカミを取り除くと、シカの個体数が増えて、自然の**再森林化**が妨げられる。**再野生化**の一環で頂点捕食者を戻すと、栄養の滝を引き起こせ、**生物多様性**を取り戻せる。これはオオカミを再導入したイエローストーン国立公園で実証されている。

**エコロジカル・フットプリント　Ecological footprint**
人間活動が環境に与える影響の指標。人間の生活や経済を維持し、汚染物質（特に**温室効果ガス**）を処理するのにどれほどの自然を必要とするかを数値化したもの。グローバルヘクタール（gha）と呼ばれる面積の単位で表す。現在、世界のエコロジカル・フットプリントは地球の面積を上回っており、**大衰退（グレート・ディクライン）**を招いている。

**温室効果ガス　Greenhouse gases**
地球を「毛布」のように包み込み、暖かさを逃さないようにする温室効果を招く気体の総称。地球の大気圏に含まれる主な温室効果ガスには、水蒸気、二酸化炭素、メタン、一酸化二窒素、オゾンがある。人間活動は二酸化炭素、メタン、亜酸化窒素といった温室効果ガスの大気中の濃度を高めており、それによって気温の上昇と気候変動が引き起こされている。

**海洋酸性化　Ocean acidification**
大気中の二酸化炭素が海に吸収されることで、海水の水素イオン指数（pH）が低下する現象。海水は弱アルカリ性なので、海洋酸性化は当面、海水が中性に近づくことを意味する。酸性化が続けば、海の生物の大半が打撃を受ける。地球が前回、海洋酸性化に見舞われたときには、**大量絶滅**と、長期にわたる**地球システム**の弱体化が伴った。

**海洋保護区　Marine Protected Areas（MPA）**
特定の漁法を禁じたり、禁漁期を設けたり、漁獲量に上限を定めたりして、一定程度、人間活動に制限を加えることで、保護されている海域。禁漁区では、いっさいの漁が禁じられている。現在、世界には1万7000以上の海洋保護区がある。海の総面積に占める割合は7％強程度。

**カーボン・オフセット　Carbon offset**
**温室効果ガス**の避けられない排出を埋め合わせる目的で、別の場所でその排出を減らすこと。埋め合わせ（オフセット）は、二酸化炭素相当量（$CO_2e$）を単位とするカーボン・クレジットの購入によって行われる。国や大企業は、みずから排出量を減らすより、クレジットを買うほうが安い場合、クレジットの購入で排出量の削減義務を果たすという方法を選べる。企業や個人が市場で任意にクレジットを買って、自分の活動（例えば、飛行機での旅行など）に伴う排出量を埋めわせることもできる。この購入代金はふつう、**再生可能エネルギー**や**バイオエネルギー**や**再森林化**の資金に充てられる。カーボン・オフセットはあくまでもっと大きな排出削減計画の一部として実施されるものであり、長期的には完璧な解決策ではない。

**カーボン・バジェット　Carbon budget**
世界の気温上昇を一定レベルに抑えるうえで上限となる、二酸化炭素の累積排出量。排出量の削減が遅れると、カーボン・バジェットが減り、さらなる地球温暖化を招くリスクが増大する。

**環境容量　Carrying capacity**
ある環境において、必要な食べ物と生息環境と水、そのほかの資源がある場合に、維持することができる生物の個体数の上限。

**完新世　Holocene**
最後の氷河期が終わった約1万1700年前から現代までの地質時代。際立って地球が安定していた期間。人類は農業（農耕と牧畜）の発明により、この期間に急成長を遂げた。

**気候工学（地球工学）　Climate engineering（geoengineering）**
気候変動を和らげ、抑えるため、**地球システム**に意図的に大規模な介入を行う方法の研究と実践。その方法の中には、大気中から**温室効果ガス**を取り除く地球の機能を強化しようとするものもある。例えば、海に鉄を散布することで、植物プランクトンを増殖させ、海面に吸収される二酸化炭素の量を増やそうとする海洋肥沃化がそうだ。そのほかに、大気中に人為的にエアロゾルを散布するなどして、太陽光を人為的に反射させることで、地球温暖化を抑えようとする太陽放射管理と呼ばれる方法もある。気候工学はしばしば実証試験を欠くことを批判され、環境や人間に有害である可能性があることも指摘されている。

**漁獲ピーク　Peak catch**
水揚げ量の増加が止まる時点。わたしたちはすでに1990年代半ばに漁獲ピークに達しており、以後、世界の漁獲量は少しずつ減少している。

**グリーン成長　Green growth**
**サステナブル**な形で資源を使う経済成長の道筋。環境への影響を考慮しない従来の経済成長に対し、別の道を示すのに用いられる。

**国内総生産（GDP）　Gross Domestic Product**
一定期間に国内で生産された財・サービスの価値の合計。一国の生産性の指標として使われているが、平等や、幸福や、環境への影響といった面を反映していない点が広く批判されている。GDPを考案した経済学者サイモン・クズネッツは、一国の幸福度の指標として使われるべきではないと警告していた。

**子どもピーク　Peak child**
世界の子ども（15歳未満）の数の増加が止まる時点。国連の現在の予測では、子どもピークは今世紀半ばより少し前に訪れると考えられている。

**再森林化　Reforestation**
ある土地を、植樹や播種によって、または自然に落ちた種を使って、森林に戻すこと。大まかな総称として使われる場合と、伐採されてから間もない土地を森林に戻すことを意味する場合とがある。後者の場合、伐採されてから長い時間が経っている土地、つまり古い農地や都市部のように、長いあいだ森林ではなかった土地を森林に変えることは、再森林化と区別して、新規植林と呼ばれる。再森林化は、**二酸化炭素の回収・貯留**の手段として有望であり、気候変動の**自然に根ざした解決策**になりうる。

**再生可能エネルギー　Renewables (renewable energy)**
人間のタイムスケールで自然に再生される資源から得られるエネルギー。太陽光、風力、バイオエネルギー、潮力、波力、水力、地熱などがある。ふつう、炭素の排出が少ないか、まったくなく、化石燃料の代わりになる。

**再野生化　Rewild**
生物の多様性に富んだ空間・生物群集・生態系の回復と拡大を図ること。大規模な取り組みが多く、自然界の作用や（適切であれば）失われた種を蘇らせることがめざされる。場合によっては、近縁種を導入して、失われた種が生物群集内で担っていたのと似た役割を担わせることもある。本書では、最も広い意味でこの再野生化という語を使っている。すなわち、人類の活動を**サステナブル**なものにすることを通じて、**生物多様性**の喪失を反転させ、地球全体の自然を回復させようとする営みという意味だ。したがって、気候変動の緩和も、世界の再野生化に欠かせない一部と位置づけられている。

**サステナビリティ（持続可能性）革命　Sustainability revolution**
**サステナビリティ**に重点を置いた技術革新の波を原動力として、今後、起こることが予想されている新たな産業革命。その特徴となるのは、**再生可能エネルギー**、環境負荷の小さい輸送、廃棄物ゼロの**循環型経済**、**二酸化炭素の回収・貯留**、**自然に根ざした解決策**、**代替蛋白質**、**培養肉**、**リジェネラティブ農業**、**垂直農法**などだろう。それは**グリーン成長**と野心的な未来への扉を開くものになるに違いない。

**サステナブル（サステナビリティ、持続可能性）　Sustainable (sustainability)**
文字通りには、いつまでも続けることができること。本書では、人類と生物界がいつまでも共存できる能力のことを言っている。サステナブルであるためには、**地球の限界**の内側で成り立つ生活を築かなくてはならない。

**自然に根ざした解決策　Nature-based solution**
自然の力を利用して、社会問題や環境問題、特に気候変動、水の安全保障、食の安全保障、汚染、災害リスクといった問題の解決を図ること。例えば、マングローブを植えて沿岸の侵食を防ぐ、**海洋保護区**を設けて漁獲量を増やす、都市を緑化して気温を下げる、湿地を築いて洪水を防ぐ、**再森林化**によって自然による**二酸化炭素の回収・貯留**を増やすといった取り組みがなされている。自然に根ざした解決策は、費用対効果が比較的高い場合が多い。また、**生物多様性**を促進できるという大きな利点がある。

**自然農場　Wildland farm**
農業を**再野生化**する手法の1つ。家畜の生物群集を、地域の自然の生物群集の構成に似たものにし、栄養補助の餌を与えずに、農場内で放し飼いにする。家畜の数はその景観（ランドスケープ）の**環境容量**に合うように保たれており、それによって**生物多様性**を高める**栄養の滝**が生じる。

**シフティング・ベースライン症候群　Shifting baseline syndrome**
「ふつう」あるいは「当然」という概念が何を指すかは、時間とともに、後続世代の経験に従って変わる傾向があること。本書では、世代が入れ替わるにつれ、本来の**生物多様性**がどの程度のものだったかが忘れ去られてしまうことを指摘するのにこの言葉が使われている。

**狩猟採集民　Hunter-gatherer**
野生の自然から食べ物を得る社会の人々。完新世に農業が始まるまで、人類の歴史の大半の期間、すべての人類が狩猟採集生活を営んでいた。

**循環型経済（サーキュラーエコノミー）　Circular economy（cyclical economy）**
廃棄物をなくし、資源をむだにしない経済システム。循環型経済では、シェア（共有）、リユース（再使用）、修理、再整備、再製造、リサイクル（再生利用）によって、閉じたループの仕組みが築かれ、あらゆる廃棄物が次のプロセスの原料になる。したがって、「取る・作る・使う・捨てる」という生産モデルで成り立っている従来の直線型経済（リニアエコノミー）とは好対照をなす。

**植物中心の食事　Plant-based diet**
植物由来の食品を主に食べ、動物由来の食品を控えること。植物由来の食品のほうが、生産に必要な土地やエネルギーや水が少なく、生産の過程で排出される**温室効果ガス**の量も少ない。したがって多くの肉を消費する現代的な食事より**サステ**

ナブルとされる。

**植物プランクトン　Phytoplankton**
光合成を行う水生生物。きわめて小さい生物だが、海の表層に漂って大群をなす。多くの海の食物連鎖の土台を担っている。

**人口転換　Demographic transition**
それぞれの国において、出生率と幼児死亡率がともに高く、科学技術・教育・経済が未発達の社会から、出生率と死亡率がともに低く、科学技術・教育・経済が高度に発達した社会へと移行するときに起こる現象。

**人口ピーク　Peak human**
人口の増加が止まる時点。国連の人口部の現在の予測では、世界の人口は22世紀初頭に約110億人でピークに達すると言われている。ただし、貧困の撲滅と女性の地位向上を推進することで、人口ピークを2060年まで早められ、数も89億人に抑えられるという予測もある。

**森林の立ち枯れ　Forest dieback**
樹木が立ったまま枯れる現象。森林破壊と気候変動が続いた場合、今世紀中に達すると予想される主な**ティッピング・ポイント**の中には、アマゾンの熱帯雨林と、カナダとロシアの北方常緑樹林のそれぞれの立ち枯れが含まれている。

**森林変遷　Forest transition**
人間社会の発展に伴って生じる土地利用の変化のパターン。社会がまだ発展していない最初の段階では、森林が優勢を保っている。やがて社会の発展・成長とともに、食料生産が拡大すると、森林伐採が始まる。その後、農業の生産力が高まって、農村から都市への移住が進むにつれ、**再森林化**が可能になる。いくつかの国では森林変遷が起こっていることがすでに確認されているほか、地球規模で森林変遷が生じる可能性があることも示唆されている。

**水耕法　Hydroponics**
土を使わず、培養液で作物を育てる農法。水の使用量を大幅に減らせるのをはじめ、さまざまな利点がある。

**垂直農法　Vertical farming**
縦に積み重ねられたいくつもの層を使って、作物を栽培する農法。多くの場合、管理された環境で行われ、しばしば**水耕法**や、水耕法と**養殖**を組み合わせたアク

アポニクスが用いられる。栽培作物の種類によっては、より少ない土地でより多くの作物を生産でき、肥料や農薬も使わずにすむので、**持続可能性**に優れることが多い。

**スピルオーバー（漏出）効果　Spill-over effect**
ある区域の**生物多様性**の改善が、隣接する区域の生物多様性の改善に貢献する現象。特に、**海洋保護区**の周囲でよく見られる。海洋保護区で回復した魚種資源は周りの海域に溢れ出て、周辺海域の漁獲量をも増やす。

**生態学（エコロジー）　Ecology**
生物学の一部門。生物間や、生物と環境間の相互作用や関係を研究する学問。

**生物多様性　Biodiversity（biological diversity）**
多様な生物がいることを言い表す語。基準になるのは、生物種の数、つまりあらゆる動物・植物・菌類・微生物の種類の多さと、それぞれの生物の個体数。地球上の生物の何百万という種の数や何十億という個体の数だけでなく、何兆という個体差があることを言い表す場合もある。生物多様性が豊かな生物圏（バイオスフィア）ほど、変化に強く、バランスが保たれやすく、生命を支える力がある。

**石油ピーク（ピークオイル）　Peak oil**
世界の石油生産量が最大に達する時点。その後、石油採掘は減少する。

**大加速（グレート・アクセラレーション）　Great Acceleration**
人間活動の広範囲にわたって、いっせいに急激な成長が見られること。初めて記録されたのは20世紀半ばで、それが現在まで続いている。今の環境悪化の大半の直接的な原因は、大加速に伴う資源の消費と汚染物質の発生にある。

**大衰退（グレート・ディクライン）　Great Decline**
生物多様性や気候の安定性をはじめ、数々の環境指標が世界じゅうでいっせいに急激に悪化すること。20世紀の後半に始まり、現在まで続いている。大衰退は今世紀中、一連の**ティッピング・ポイント**への到達を引き起こしながら、勢いを増し、**地球システム**の深刻な不安定化を招くと予測されている。

**対数期　Log phase**
増殖曲線において、急速に増殖が進む段階。

**代替蛋白質　Alt-proteins (alternative proteins)**
ふつうの動物性蛋白質の代わりに、植物性の原料やそのほかの原料を使って、フードテック（食品テクノロジー）で作られた蛋白質の一般的な呼び名。穀物、豆、ナッツ、種子、藻類、昆虫、微生物由来のもののほか、**培養肉（クリーンミート）**を使ったものもある。大規模な家畜や魚の生産を伴わないので、環境負荷が格段に小さくなることが期待される。また、動物福祉の問題も少ない。

**大量絶滅　Mass extinction**
地球上の広範囲にわたって、**生物多様性**が急激に失われる現象。専門家によれば、大量絶滅は過去に5回起こっている。その中には恐竜を絶滅させたものも含まれる。

**炭素税　Carbon tax**
**温室効果ガス**の排出によって気候に悪影響を与える活動へのペナルティとして、炭素燃料（石炭、石油、天然ガス）の燃焼に課される税。多くの部門で、排出削減を推進する効果があることが確かめられている。

**地球システム　Earth system**
地球という惑星の地質学的、化学的、物理学的、生物学的な統合システム。完新世の全期間にわたり、このシステムによる大気圏（空気）、水圏（水）、雪氷圏（氷、永久凍土）、岩石圏（岩）、生物圏（生命）の補完的な相互作用のおかげで、生物に都合のいい穏やかな環境が維持されてきた。わたしたちが**地球の限界**を超えない限り、地球システムは機能し、穏やかな環境を保ち続ける。

**地球の限界　Planetary boundaries**
**地球システム**の研究者ヨハン・ロックストロームとウィル・ステファンによって、人類の安全な活動空間を定義するために提唱された概念。ふたりはさまざまな分野から集めたデータにもとづいて、地球システムの安定を左右する9つの要素を割り出した。また、現在の人間活動がそれらの要因にどの程度の影響を及ぼしているかを計算し、超えてしまった場合に壊滅的な変化をもたらしうる限界値も突き止めた。9つの要素は、次のとおりだ。**生物多様性**の喪失、気候変動、化学物質汚染、オゾン層の減少、大気汚染、**海洋酸性化**、肥料（窒素、リン）の利用、淡水の消費、土地利用の変化（自然林を切り開いて、畑やプランテーションに変えるなど）。この9つのうち、気候変動と生物多様性の喪失の2つが「核となる限界」であり、ほかの7つのすべての影響を受ける。また、それら2つの限界が超えられるだけで、地球は不安定化する。ふたりは次のように警告している。現在、人類は気候変動、生物多様性の喪失、土地利用の変化、肥料の利用の4つにおいて、地球

の限界を超えており、したがって、地球システムはすでに不安定化している、と。

**遅滞期　Lag phase**
増殖曲線の最初の段階。この段階では、増殖を抑制する1つまたは複数のなんらかの要因により、増殖は実質的にほとんど起こらない。

**ティッピング・ポイント（転換点）　Tipping point**
そこを越えると、**地球システム**に急激かつ甚大な変化を招く転換点のこと。その変化はしばしば自己増幅し、不可逆的なものになりうる。

**都市農業　Urban farming**
都市部で農産物を生産すること。もとから人間によって占有されている土地が使われ、長距離輸送の必要がなく、**水耕法**などの農法や**再生可能エネルギー**が作物の栽培に用いられることから、**持続可能性**の面でたいへん優れていることが多い。

**ドーナツ・モデル　Doughnut Model**
**地球の限界**モデルを再解釈したもので、オックスフォード大学の経済学者ケイト・ラワースによって考案された。もとのモデルにあった環境的な上限に加え、人々の基本的ニーズを社会的な土台として組み込むことで、人類の安全で公正な領域を定義している。環境的な上限を超えず、なおかつ人々の幸福を犠牲にしてはならないという考え方。**サステナブル**な開発のフレームワークにもなる。

**ドメスティケーション　Domestication**
人間がほかの生物種の繁殖と管理に多大な関与をすること。植物のドメスティケーション（栽培化）の例には、小麦、ジャガイモ、バナナなどがある。動物のドメスティケーション（家畜化）の例には、ウシ、ヒツジ、ブタなどがある。あらゆる農業の土台になっている。

**二酸化炭素の回収・貯留（CCS）　Carbon capture and storage**
主に工場や発電所などの大規模な発生源から二酸化炭素を回収して、地下の貯蔵所に送り、大気中に戻らないようそこで永久に貯留すること。近代的な工業施設ではCCSの導入で二酸化炭素の排出量を最大90％削減できる。ただしその稼働に伴ってエネルギーの使用量やコストは増える。**バイオエネルギー**発電と組み合わせるか（BECCS）、大気中の二酸化炭素を直接回収する技術と組み合わせるか（DACCS）すれば、理論上、CCSは大気中から二酸化炭素を取り除くことができ、いわゆるネガティブ・エミッション（負の排出）を実現できる。ただし、これらはまだ研究開発段階の技術だ。**自然に根ざした解決策**の中には、**生物多様性**を豊か

にしながら炭素を取り除ける自然のCCSがある。

**農地ピーク　Peak farm**
農地面積の増加が止まる時点。国連食糧農業機関（FAO）の予測では、2040年前後までに訪れると言われている。

**バイオエネルギー　Bioenergy（biomass energy）**
生物由来の物質（バイオマス）から得られる**再生可能エネルギー**。燃焼や発酵によってバイオエネルギーを取り出す原料になるものには、木材や成長の速い作物（トウモロコシ、大豆、ススキ、サトウキビなど）がある。バイオマスは燃やして発電に使うことも、輸送燃料用のバイオ燃料に変換することもできる。

**バイオ炭　Biochar**
低酸素ないし無酸素で有機廃棄物を焼いて作られる炭に似た物質。**二酸化炭素の回収・貯留**技術に活用できるかどうかが現在、研究されている。建築資材や**バイオエネルギー**の燃料として使えるほか、土壌の地味をよくしたり、保水能力を高めたりするのにも役立つ。

**培養肉（クリーンミート）　Clean meat（cultured meat）**
動物を殺さずに動物の細胞を培養することで生産される食用肉。細胞農業の一形態。培養肉の生産は従来の食肉生産に比べ、はるかに効率がよく、環境に優しいことが研究で示されている。必要とする土地、エネルギー、水がわずかですみ、生産時に出る**温室効果ガス**も大幅に減る。動物福祉の問題も少ない。

**人新世　Anthropocene**
近年提案されている地質時代の新しい区分。気候や環境に与える人間活動の影響が顕著になった時代とされる。人新世が始まった時期については、まだ議論が続いているが、1950年代から始まったという説が優勢だ。その説の根拠は、将来、1950年代以降の岩石から、プラスチックや、核兵器実験で放出された放射性同位体が大量に見つかると考えられることにある。

**ブロックチェーン　Blockchain**
取り引きを安全かつ確実に記録できるデジタル台帳。データはP2Pネットワーク上の複数のコンピュータに保存される。業務を効率化でき、誤りや不正を防ぎやすい。もとはビットコインなど、暗号資産のやりとりを効率化するために開発された技術だが、サプライチェーンの追跡にも使える。したがって、木材でも、マグロの肉でも、商品の出所が**サステナブル**なものであることを証明するのに使える。

**文化　Culture**
生物学では、文化とは、動物の個体から個体へ、非遺伝的な手段（主に模倣）によって伝えることができる行動や習慣や技能の集合体のことを指す。その意味では、文化は生物学的な伝達（遺伝）と相似形をなす伝達形式であり、時間とともに進化もする。文化を持つことがわかっている種は数えるほどしかない。チンパンジー、マカク、バンドウイルカなどだ。人類の進化は、今では生物学的な進化より文化的な進化のほうが主になっている。

**保護区　Conservancy**
簡単に言えば、自然の生息環境が人間の手で守られている区域のことだが、本書では、特に地域社会によって**サステナブル**かつ経済的に採算が合う形で管理されている区域のことを指す。

**マイクログリッド　Microgrid**
広域の電力系統と接続し、または接続せずに稼働できる、地域単位の電力供給源のネットワーク。共同で電力を供給する仕組みなので、単独の発電所より、電力需要の急増に対処しやすい。近年、**再生可能エネルギー**を使った分散型発電のコストが下がるにつれ、広く普及し始めている。

**養殖　Aquaculture (fish farming)**
魚類、貝類、藻類など、水産生物の繁殖、飼育、収穫を行うこと。海水養殖と淡水養殖の2種類に分けられる。

**乱獲　Overfishing**
ある海域において、魚が個体数を回復できないペースで魚を取ること。乱獲された魚種の個体数は減り続ける。2020年の国連食糧農業機関の報告によると、世界の魚種資源の3分の1が乱獲されている。

**リジェネラティブ（環境再生型）農業　Regenerative farming**
土壌の健康を向上させることに重点を置いた、環境を保全・修復するタイプの農業。時間とともに土壌の健康を損ね、肥料や農薬を必要とする工業化された農業に対し、異を唱えるものとして登場した。リジェネラティブ農業は、土壌の有機物を増やし、その**二酸化炭素の回収・貯留**能力を高め、さらに生物多様性を増進する。

**林間放牧　Silvopasture**
数多くある**リジェネラティブ農業**の手法の1つで、森林のそばや中で家畜を飼育す

ること。家畜が木陰で日をよけられるほか、草だけでなく木の枝や実なども食べられるおかげで、家畜の健康と生産性が向上する。

**レッドプラス（REDD＋）　REDD＋**

国連による取り組みの略称。正式名称は、「途上国の森林減少・劣化に由来する温室効果ガスの排出の削減、及び、森林保全の役割、持続可能な森林経営、森林炭素蓄積の強化（Reducing Emissions from Deforestation and forest Degradation and the role of conservation, sustainable management of forests and enhancement of forest carbon stocks in developing countries）」。森林に蓄えられている炭素に経済的な価値をつけ加えることで、森林を保持するインセンティブを与え、途上国の森林の減少と劣化を防ごうとする試み。

【著者・訳者紹介】

**デイヴィッド・アッテンボロー**（David Attenborough）

英国を代表する自然史ドキュメンタリーの制作者。ナチュラリスト、ブロードキャスターとしての経歴は70年近くに及ぶ。ケンブリッジ大学を卒業後、英海軍での2年の兵役を経て、ロンドンの出版社に就職。1952年、BBCにプロデューサー見習いとして入社し、《動物園の冒険（Zoo Quest）》シリーズ（1954～64年）を手がける。このとき、世界の僻地を旅しては、知られざる野生動物の生態を臨場感豊かな映像に収めるという生涯の仕事に出会う。BBC2のコントローラー（1965～68年）とBBCテレビジョンのプログラム・ディレクター（1969～72年）を歴任。コントローラー時代には、英国初のカラーテレビ放送の導入に携わった。1973年、ドキュメンタリー制作と執筆のため、管理業務を離れると、次々とBBCの画期的なシリーズを世に送り出し、世界的な自然史ドキュメンタリーの作り手として確固たる名声を博した。代表作に以下のシリーズがある。《地球の生きものたち（Life on Earth）》（1979年）、《ザ・リビング・プラネット（The Living Planet）》（1984年）、《生命の試練（The Trials of Life）》（1990年）、《The Private Life of Plants》（1995年）、《ライフ・オブ・バーズ／鳥の世界（The Life of Birds）》（1998年）、《ブルー・プラネット（The Blue Planet）》（2001年）、《アッテンボローのほ乳類　大自然の物語（The Life of Mammals）》（2002年）、《プラネットアース（Planet Earth）》（2006年）、《Life in Cold Blood》（2008年）。1985年、ナイト爵に叙され、2005年、メリット勲章を授与された。王立協会のフェローに名を連ね、地球上の生物種の減少と環境保護の問題に最前線で取り組んでいる。

**黒輪篤嗣**（くろわ　あつし）

翻訳家。上智大学文学部哲学科卒業。ノンフィクションの翻訳を幅広く手がける。主な訳書に『新しい世界の資源地図――エネルギー・気候変動・国家の衝突』『ワイズカンパニー――知識創造から知識実践への新しいモデル』（以上、東洋経済新報社）、『問いこそが答えだ！――正しく問う力が仕事と人生の視界を開く』（光文社）、『哲学の技法――世界の見方を変える思想の歴史』『ドーナツ経済学が世界を救う――人類と地球のためのパラダイムシフト』（以上、河出書房新社）、『宇宙の覇者　ベゾスvsマスク』（新潮社）、『レゴはなぜ世界で愛され続けているのか――最高のブランドを支えるイノベーション7つの真理』（日本経済新聞出版社）などがある。

# アッテンボロー 生命・地球・未来

## 私の目撃証言と持続可能な世界へのヴィジョン

2022年12月22日発行

著　者――デイヴィッド・アッテンボロー
訳　者――黒輪篤嗣
発行者――駒橋憲一
発行所――東洋経済新報社
〒103-8345　東京都中央区日本橋本石町 1-2-1
電話＝東洋経済コールセンター　03(6386)1040
https://toyokeizai.net/

装　丁………橋爪朋世
D T P………アイランドコレクション
印　刷………図書印刷
編集担当……九法　崇

Printed in Japan　ISBN 978-4-492-80094-2

本書のコピー、スキャン、デジタル化等の無断複製は、著作権法上での例外である私的利用を除き禁じられています。本書を代行業者等の第三者に依頼してコピー、スキャンやデジタル化することは、たとえ個人や家庭内での利用であっても一切認められておりません。

落丁・乱丁本はお取替えいたします。